中学受験
算数の文章題
解法パターン
まる覚え 100

Ai西武学院塾長
浜田 一志

中経出版

はじめに

　中学受験の算数は"ひらめき"や"思考力"が大切だ，と思っていませんか。じつは，算数は日々のコツコツ学習の積み重ねの科目です。解法のパターンをまねして，練習して，そして自分なりの公式を作り上げていくという勉強が合格への近道です。

　この本は，"自分なりの公式"といってもそこまでやってる時間はないよ，という受験生のために書いたものです。先輩たちが成功した便利な公式を短時間で学習できるようにしています。

■ 本書のレベル

　この本は，中学受験の基礎である分数・小数・比・割合の計算ができる人なら，まる覚えできるようになっています。過去問の文章題がさっぱりダメという人は，毎日30分この本の公式をまねしてみてください。トップクラスにいるけれどもっとスピードアップしたいという人は，電車やトイレの５分間でさっと読んでみてください。

■ 本書でよく使う表現

①分数の表現をたくさん使っています。
　$\frac{A}{B}$と書いてあるは，A÷Bを見やすくするためです。
②マイナスの数もでてきます。
　「－３と５の差」というような表現があります。これは温度計のイメージさえあれば，

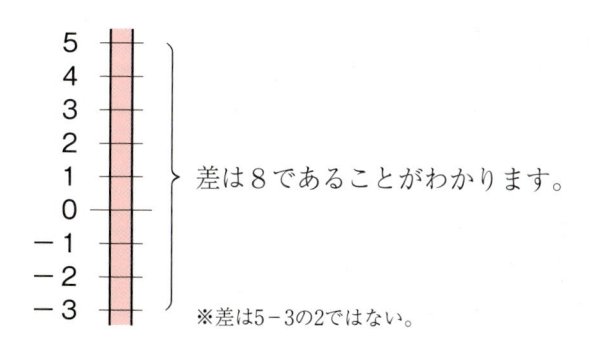

```
 5
 4
 3
 2
 1
 0
−1
−2
−3
```
差は 8 であることがわかります。

※差は5−3の2ではない。

■ 本書の読み方

100のテーマがあります。それぞれ，
　公式 → 例題 → 公式の使い方ナビ → 解答
という流れです。さらにテーマによっては
　「公式のなりたち」
がついています。
　これは，余裕のある人だけが読んでください。

　本書を手にしたみなさんの合格を祈念して
　　　　　　合格パワー！
を送ります。

浜田　一志

もくじ

第1章 数の性質

1. 小数は分数に ···················· 10
2. 小数第○位 ······················ 11
3. 差分と和 ························ 12
4. 連 分 数 ························ 14
5. 連　　比 ························ 15
6. A+B, B+C, A+C を解く ········· 16
7. 1～N までの和 ·················· 17
8. N 個の奇数の和 ·················· 18
9. 等差数列の N 番目の数 ··········· 19
10. 等差数列の和 ···················· 20
11. ねずみ算（倍々の数の和）········ 22
12. 半分・半分の数の和 ·············· 23
13. 3 の倍数の判定法 ················ 24
14. 4 の倍数の判定法 ················ 25
15. 9 の倍数の判定法 ················ 26
16. 11 の倍数の判定法 ··············· 27
17. 2 数の和と最大公約数 ············ 28
18. どちらにかけても整数 ············ 29

- ⑲ 単位分数に分ける ・・・・・・・・・・・・・・・・ 30
- ⑳ 商と余りが等しくなるのは ・・・・・・・・・・・・ 31
- ㉑ 末尾に0は何個続くか ・・・・・・・・・・・・・・ 32
- ㉒ 同じ数の積と余り ・・・・・・・・・・・・・・・・ 33

第2章　時刻と曜日

基本事項 時刻と曜日 ・・・・・・・・・・・・・・・・・・・ 34
- ㉓ 時間のかけ算 ・・・・・・・・・・・・・・・・・・ 36
- ㉔ 時間のわり算 ・・・・・・・・・・・・・・・・・・ 37
- ㉕ 短針が長針に重なる・一直線 ・・・・・・・・・・・ 38
- ㉖ 短針と長針が90° ・・・・・・・・・・・・・・・・ 42
- ㉗ 短針と長針が入れかわる ・・・・・・・・・・・・・ 44
- ㉘ 狂った時計が正しい時刻を指す ・・・・・・・・・・ 46
- ㉙ 曜日が同じ月 ・・・・・・・・・・・・・・・・・・ 48
- ㉚ A月A日の法則 ・・・・・・・・・・・・・・・・・ 49
- ㉛ 1年後の曜日 ・・・・・・・・・・・・・・・・・・ 50
- ㉜ カレンダーの日づけの和 ・・・・・・・・・・・・・ 51
- ㉝ 暦算の究極法則 ・・・・・・・・・・・・・・・・・ 52
- ㉞ 西れき ÷ 年れい ・・・・・・・・・・・・・・・・ 55

第3章　速　　さ

基本事項 速　　さ ………… 56
35 速さの単位 ………… 58
36 往復の平均の速さ ………… 60
37 出会うまでの時間 ………… 62
38 追いつくまでの時間 ………… 64
39 時間差から道のりを求める ………… 66
40 ゴール手前何mか ………… 68
41 ○m走で同時にゴールするために ………… 70
42 すれちがう列車の速さと長さ ………… 72
43 通 過 算 ………… 74
44 音の聞こえる間かく ………… 76
45 途中で速さをかえる ………… 78
46 流水算（1） ………… 80
47 流水算（2） ………… 82
48 流水算（3） ………… 83

第4章　濃　　度

基本事項 食 塩 水 ………… 84
49 混ぜると何%か (重さ) ………… 86

(50) 混ぜると何%か（比） …… 87
(51) 水を何g混ぜたか …… 88
(52) 水を何g蒸発させたか …… 89
(53) 食塩を何g加えたか …… 90
(54) 食塩水を何g混ぜたか …… 91
(55) 何gずつ混ぜたか …… 92
(56) 水に入れかえる …… 93
(57) 食塩水を移す …… 94
(58) 同じ量を混ぜるとき …… 95

第5章　平均と割合

基本事項 平　均 …… 96
(59) 2人ずつの平均から全員の平均を求める …… 98
(60) N回目の点数を求める …… 100
(61) 平均点から何回目かを求める …… 101
(62) 平均点と男女の人数（1） …… 102
(63) 平均点と男女の人数（2） …… 103
基本事項 割　合 …… 104
(64) 利益や損失から仕入れ値を求める …… 107
(65) 入学者の増減 …… 108

- 66 ぬれた部分の割合から水深を求める（1）・・・・・ 110
- 67 ぬれた部分の割合から水深を求める（2）・・・・・ 112
- 68 本のページ数 ・・・・・・・・・・・・・・・・・・・・・・・・ 113
- 69 歩く速さの比 ・・・・・・・・・・・・・・・・・・・・・・・・ 114
- 70 集合と割合 ・・・・・・・・・・・・・・・・・・・・・・・・・・ 116

第6章　特殊算

- 71 つるかめ算（1）・・・・・・・・・・・・・・・・・・・・・・ 118
- 72 つるかめ算（2）・・・・・・・・・・・・・・・・・・・・・・ 120
- 73 つるかめ算（3）── マイナスパターン ・・・・・・ 122
- 74 3つのつるかめ算 ・・・・・・・・・・・・・・・・・・・・・ 124
- 75 和差算 ・・・・・・・・・・・・・・・・・・・・・・・・・・・・・ 126
- 76 満タンのときの重さ ・・・・・・・・・・・・・・・・・・ 127
- 77 年れい算 ・・・・・・・・・・・・・・・・・・・・・・・・・・・ 128
- 78 過不足算 ・・・・・・・・・・・・・・・・・・・・・・・・・・・ 130
- 79 仕事算 ・・・・・・・・・・・・・・・・・・・・・・・・・・・・・ 132
- 80 倍数算（1）── A→Bへあげた ・・・・・・・・・・・ 134
- 81 倍数算（2）── A，Bともにもらった ・・・・・・ 135
- 82 ニュートン算（1）：基本 ── 列がなくなるまでの時間 ・・ 136
- 83 ニュートン算（2）：応用 ── 窓口の数と時間の関係 ・・・ 138

(84) ニュートン算（3）：応用 …… 140
(85) ニュートン算（4）：もっと慣れよう …… 142
(86) 当選確実 …… 145

第7章　場合の数

(87) 試 合 数 …… 146
(88) 委員の選び方（1）—— 順列 …… 147
(89) 委員の選び方（2）—— 組み合わせ …… 148
(90) 3人のジャンケン …… 149
(91) サイコロ …… 150
(92) 道順（1） …… 151
(93) 道順（2）—— 通行止め …… 152
(94) 3ケタの数をつくる …… 153
(95) 数字の個数 …… 154
(96) 階段の上がり方 …… 155
(97) 支払える金額 …… 156
(98) てんびんの分銅 …… 157
(99) 立方体の色塗り …… 158
(100) 魔 方 陣 …… 159

本文イラスト：丸橋　加奈（熊アート）

数の性質 1 — 小数は分数に 暗記！

```
0   0.125  0.25  0.375  0.5   0.625  0.75  0.875   1
    1/8    1/4   3/8    1/2   5/8    3/4   7/8
```

例題

(1) $2\dfrac{3}{4} \div 0.25 - \left\{2.4 \times \left(3\dfrac{2}{3} - 2\dfrac{1}{4}\right) - 2.4\right\}$ （立教池袋）

(2) $0.625 \div \left(1\dfrac{7}{12} - \dfrac{1}{3}\right) \times 4.3$ （学習院）

解答

(1) $\quad 2\dfrac{3}{4} \div 0.25 - \left\{2.4 \times \left(3\dfrac{2}{3} - 2\dfrac{1}{4}\right) - 2.4\right\}$

$= \dfrac{11}{4} \div \dfrac{1}{4} - \left\{\dfrac{24}{10} \times \left(3\dfrac{8}{12} - 2\dfrac{3}{12}\right) - \dfrac{24}{10}\right\}$

$= \dfrac{11 \times 4}{4 \times 1} - \left\{\dfrac{12}{5} \times 1\dfrac{5}{12} - \dfrac{12}{5}\right\}$

$= 11 - \left\{\dfrac{12 \times 17}{5 \times 12} - \dfrac{12}{5}\right\} = 11 - \dfrac{5}{5} = 11 - 1 = \underline{10}$

(2) $0.625 \div \left(1\dfrac{7}{12} - \dfrac{1}{3}\right) \times 4.3 = \dfrac{5}{8} \div \left(1\dfrac{7}{12} - \dfrac{4}{12}\right) \times \dfrac{43}{10}$

$= \dfrac{5}{8} \div 1\dfrac{1}{4} \times \dfrac{43}{10} = \dfrac{5 \times 4 \times 43}{8 \times 5 \times 10} = \dfrac{43}{20} = 2\underline{\dfrac{3}{20}}$

数の性質 2

小数第○位

求める位÷周期
⇒ 余りに注意！

例題

(1) 分数 $\frac{3}{7}$ を小数にしたとき，小数第120位の数字を求めなさい。 (学習院)

(2) $\frac{11}{14}$ を小数に直したとき，小数第2001位は ☐ です。 (ラ・サール)

解答

(1) $3 \div 7 = 0.\underbrace{428571}_{\text{周期6}}428571\cdots$

$120 \div 6 = 20 \cdots ⓪ ←余り$

「１２３４５６」←小数第○位
↓↓↓↓↓↓
余り「４２８５７１」

だから，小数第120位は <u>1</u>

(2) $11 \div 14 = 0.\boxed{7}\underbrace{857142}_{\text{周期6}}857142\cdots$

くり返しのスタートが小数第2位からなので注意！

周期スタート前に1個数字がある。

$(2001-1) \div 6 = 333 \cdots ② ←余り$
↓
「857142」これより，☐ は <u>5</u>

数の性質

数の性質 3 差分と和

$$\frac{1}{A\times B} = \left(\frac{1}{A} - \frac{1}{B}\right) \times \frac{1}{A と B の差}$$

例題 1

次の計算をしなさい。

$$\frac{1}{8\times 10} + \frac{1}{10\times 12} + \frac{1}{12\times 14} + \frac{1}{14\times 16}$$

(関西大第一中)

使い方ナビ たくさんの分数の和を求めるときは、差分(分数どうしのひき算)にすると楽です。

$$\underbrace{\frac{1}{8\times 10}}_{\text{この差は2なので}} = \left(\frac{1}{8} - \frac{1}{10}\right) \times \frac{1}{2}$$

$\left(\dfrac{1}{\bigcirc} - \dfrac{1}{\square}\right) + \cdots$ ─ 大きい数
こっちが小さい数に必ずします。

解答

$\left(\dfrac{1}{8} - \dfrac{1}{10}\right) \times \dfrac{1}{2} + \left(\dfrac{1}{10} - \dfrac{1}{12}\right) \times \dfrac{1}{2} + \left(\dfrac{1}{12} - \dfrac{1}{14}\right) \times \dfrac{1}{2} + \left(\dfrac{1}{14} - \dfrac{1}{16}\right) \times \dfrac{1}{2}$

$= \left(\dfrac{1}{8} - \cancel{\dfrac{1}{10}} + \cancel{\dfrac{1}{10}} - \cancel{\dfrac{1}{12}} + \cancel{\dfrac{1}{12}} - \cancel{\dfrac{1}{14}} + \cancel{\dfrac{1}{14}} - \dfrac{1}{16}\right) \times \dfrac{1}{2}$

必ず中が消えます

$= \left(\dfrac{1}{8} - \dfrac{1}{16}\right) \times \dfrac{1}{2} = \dfrac{1}{16} \times \dfrac{1}{2} = \underline{\dfrac{1}{32}}$

例題 2

次の計算をしなさい。

$$\frac{1}{3}+\frac{1}{8}+\frac{1}{15}+\frac{1}{24}+\frac{1}{35}$$

(栄光学園中)

使い方ナビ 一目見ても差分のパターンには見えませんが，たくさんの分数の和なので何かしかけがあります。

$\frac{1}{3}=\frac{1}{1\times 3}$ とみると，$=\left(\frac{1}{1}-\frac{1}{3}\right)\times\frac{1}{2}$

解答

$\frac{1}{1\times 3}+\frac{1}{8}+\frac{1}{15}+\cdots$

この差が2なので次の $\frac{1}{8}$ も「差が2のかけ算かな？」と考えていくと

$\frac{1}{1\times 3}+\frac{1}{2\times 4}+\frac{1}{3\times 5}+\frac{1}{4\times 6}+\frac{1}{5\times 7}$

$=\left(\frac{1}{1}-\frac{1}{3}\right)\times\frac{1}{2}+\left(\frac{1}{2}-\frac{1}{4}\right)\times\frac{1}{2}+\left(\frac{1}{3}-\frac{1}{5}\right)\times\frac{1}{2}$

$\qquad+\left(\frac{1}{4}-\frac{1}{6}\right)\times\frac{1}{2}+\left(\frac{1}{5}-\frac{1}{7}\right)\times\frac{1}{2}$

$=\left(\frac{1}{1}-\frac{1}{3}+\frac{1}{2}-\frac{1}{4}+\frac{1}{3}-\frac{1}{5}+\frac{1}{4}-\frac{1}{6}+\frac{1}{5}-\frac{1}{7}\right)\times\frac{1}{2}$

$=\left(\frac{1}{1}+\frac{1}{2}-\frac{1}{6}-\frac{1}{7}\right)\times\frac{1}{2}=\left(\frac{3}{2}-\frac{13}{42}\right)\times\frac{1}{2}$

$=\frac{63-13}{42}\times\frac{1}{2}=\frac{50}{42}\times\frac{1}{2}=\frac{25}{42}$

数の性質 4 　連分数

分数の中にまた分数があるものを**連分数**といいます。

下から順にたし算・わり算をくり返せ！

例題

$$\cfrac{1}{4+\cfrac{1}{3+\cfrac{1}{1+2}}} = \boxed{}$$

(普連土学園)

解答

分数をかんたんにします。

$$\cfrac{1}{4+\cfrac{1}{3+\cfrac{1}{1+2}}}$$

$$3+\cfrac{1}{1+2} = 3+\cfrac{1}{3} = 3\cfrac{1}{3}$$

$$= \cfrac{1}{4+\cfrac{1}{3\frac{1}{3}}}$$

$$\cfrac{1}{3\frac{1}{3}} = 1 \div 3\cfrac{1}{3} = 1 \times \cfrac{3}{10} = \cfrac{3}{10}$$

$$= \cfrac{1}{4+\cfrac{3}{10}}$$

$$= \cfrac{1}{4\frac{3}{10}} = 1 \div 4\cfrac{3}{10} = 1 \times \cfrac{10}{43} = \underline{\cfrac{10}{43}}$$

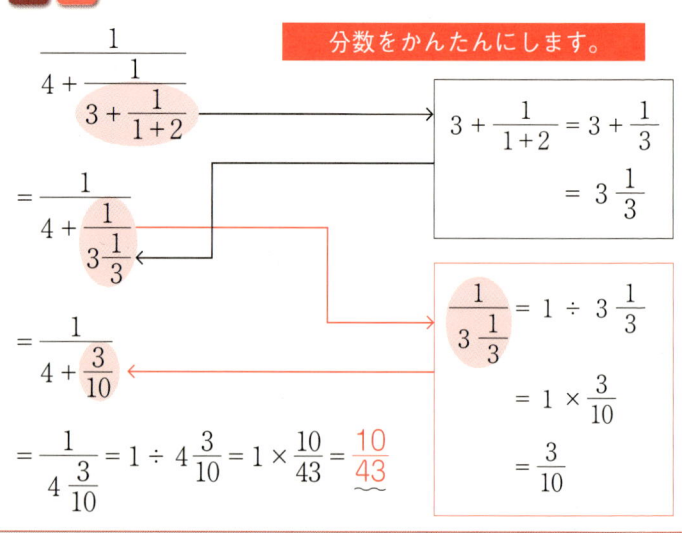

14 | 第1章

数の性質 5

連 比

A：BとB：Cから，A：Cを求めるとき，

共通しているものを1にする。

例題

A：B $= \dfrac{1}{3} : \dfrac{1}{5}$，B：C $= 2 : 3$ のとき，A：Cを最もかんたんな整数比で答えなさい。 (聖徳学園)

使い方ナビ

A：BとB：C なので，Bが共通しています。これを1に合わせます。

解答

A：B $= \dfrac{1}{3} : \dfrac{1}{5}$　ここを1にしたいので，5倍にします。

A：B $= \dfrac{5}{3} : 1$

B：C $= 2 : 3$　ここを1にしたいので，2でわります。

B：C $= 1 : \dfrac{3}{2}$

→ A：B：C $= \dfrac{5}{3} : 1 : \dfrac{3}{2}$　ここからA：Cをとり出して

A：C $= \dfrac{5}{3} : \dfrac{3}{2} \xrightarrow{通分} \dfrac{10}{6} : \dfrac{9}{6} =$ 10：9

数の性質 6

A+B, B+C, A+Cを解く

A+B+C=3つの和の合計の半分

ここから　A+Bの和をひくと → C
　　　　　B+Cの和をひくと → A
　　　　　A+Cの和をひくと → B

例題

3種類の品物A, B, Cがあり, AとBを買うと285円, BとCを買うと305円, AとCを買うと270円です。このとき, 一番高い品物の値段は□円です。(明大明治)

使い方ナビ

A, B, Cを求める計算問題ですが, 文章題の形で出題されます。

$$\begin{cases} A + B = 285 \\ B + C = 305 \\ A + C = 270 \end{cases}$$ のとき, A, B, Cをそれぞれ求める問題

解答

$(285 + 305 + 270) \div 2 = 430$

つまり　A + B + C = 430
　　　　285　　　→ 430 − 285 = 145
　　　　A + B + C = 430
　　　　　　305　→ 430 − 305 = 125
　　　　A + B + C = 430
　　　　270　　　→ 430 − 270 = 160　　だから, 160円

数の性質 7 1〜Nまでの和

$$1+2+3+\cdots+N = N \times (N+1) \div 2$$

例題

20 から 100 までの整数の和はいくつですか。
20 + 21 + 22 + … + 99 + 100

使い方ナビ 1からはじまらないときは，
(1〜100までの和)
から
(1〜19までの和)
をひきます。

解答

(20〜100の和) = (1〜100の和) − (1〜19の和)
(1〜100の和) = 100 × 101 ÷ 2
          = 5050
(1〜19の和) = 19 × 20 ÷ 2
         = 190
5050 − 190 = 4860

数の性質 8

N個の奇数の和

① 1から数えてN番目の奇数
 =2×N−1

② $\underbrace{1+3+5+\cdots+(2\times N-1)}_{\text{N個の奇数の和}}$
 =N×N

例題

100以下のすべての奇数の和を求めなさい。

使い方ナビ $1 + 3 + 5 + \cdots + 99$ のことであるが，99を半分にして1くり上げればOK!

> これが何番目の奇数かを考えてから，公式②を使います。

解答

 $1 + 3 + 5 + \cdots + 99$

 $99 \div 2 = 49.5 \xrightarrow{\text{くり上げて}} 50$

かくにんすると，

 $2 \times ⑤⓪ - 1 = 99$

なので，99は50番目の奇数。

50個の奇数の和なので，

 $50 \times 50 = \underline{2500}$

数の性質 9

等差数列のN番目の数

同じ数ずつ増える数の並びを「等差数列」といいます。

$$（N番目）=（0番目）+（ずつ増える数）\times N$$

例題

次の数はある規則で並んでいます。50番目の数は何ですか。

11, 17, 23, 29, 35, …

使い方ナビ 6ずつ増えています。

（0番目）=（1番目）- 6

で計算できます。

解答

0番目 = 11 - 6 = 5
50番目 = 5 + 6 × 50 = 305

注意 （0番目）がマイナスになるときは、ひき算になります。

例 0番目の数 ○, 1, 5, 9, 13, …
　　　　　　　　　　+4 +4 +4

（0番目）= 1 - 4 = -3
（50番目）= 4 × 50 - 3 = 197

数の性質 10 等差数列の和

$$\underline{\text{まん中の数}} \times \underline{\text{数の個数}}$$

↑ (最後＋1番目)÷2　　↑ (最後－1番目)÷すつ増える数＋1

例題 1

次の数はある規則で並んでいます。これらの合計はいくつですか。

1, 8, 15, 22, …, 204

使い方ナビ 7ずつ増えていることに注目します。
まん中の数が小数になってもOKです。

解答

まん中 = (204 + 1) ÷ 2 = 102.5
個数 = (204 − 1) ÷ 7 + 1
　　 = 29 + 1 = 30
和 = 102.5 × 30 = 3075

等差数列の和は，文章題のようなパターンで出題されることがほとんどです。

例題2

100以上200以下の整数のうちで，6でわると1余る数の合計はいくつですか。

解答

まず，1番目と最後の数を見つけます。
$100 \div 6 = ⑯ \cdots 4$ なので
　　$6 \times 17 + 1 = ⑩③$ ⇐ これが1番目の数
$200 \div 6 = ㉝ \cdots 2$ なので，
　　$6 \times 33 + 1 = ⑲⑨$ ⇐ これが最後の数
書き並べると，
　　103, 109, …, 199
　　　+6
　　まん中 = $(199 + 103) \div 2 = 151$
　　個数 = $(199 - 103) \div 6 + 1 = 17$
　　　和 = $151 \times 17 = 2567$

数の性質 11 (倍々の数の和)

$$1 + 2 + 4 + \cdots + \boxed{最後}$$
$$\underbrace{}_{\times 2} \underbrace{}_{\times 2} \underbrace{}_{\times 2}$$

$$= 最後の次の数 - 1$$

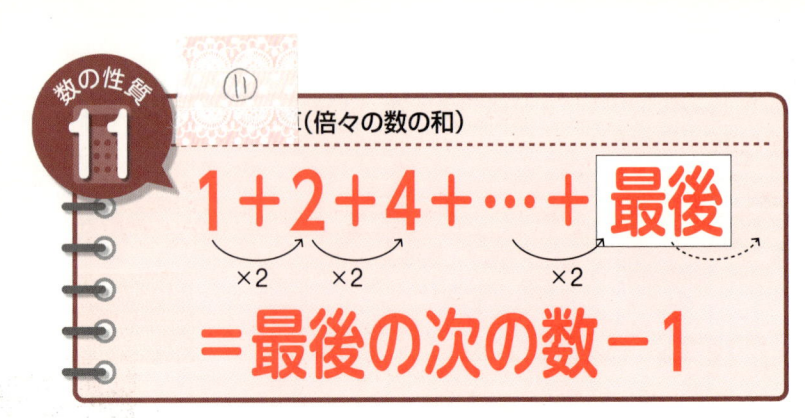

例題

次の計算をしなさい。　　　　　　　　　　(函館ラ・サール)
$1 + 2 + 4 + 8 + \cdots + 256 + 512$

使い方ナビ 2倍ずつ増えている数の和です。

最後の数は512なので、最後の次は512 × 2 です。

解答

$512 \times 2 - 1 = \underline{1023}$

数の性質 12 半分・半分の数の和

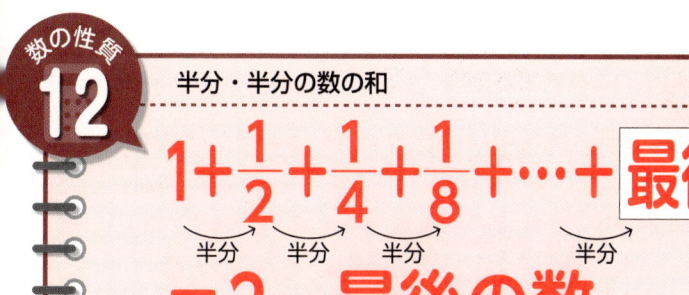

$$1 + \frac{1}{2} + \frac{1}{4} + \frac{1}{8} + \cdots + 最後$$

(半分、半分、半分、半分)

$$= 2 - 最後の数$$

例題

次の計算をしなさい。

$$5 + 2\frac{1}{2} + 1\frac{1}{4} + \frac{5}{8} + \frac{5}{16} + \frac{5}{32}$$

使い方ナビ

$5 + \frac{5}{2} + \frac{5}{4} + \frac{5}{8} + \cdots$ 半分ずつです。5に注目して、

(半分 半分 半分)

$$5 \times \left(1 + \frac{1}{2} + \frac{1}{4} + \frac{1}{8} + \cdots\right)$$

にすると公式で一発です。

解答

$$5 \times \left(1 + \frac{1}{2} + \frac{1}{4} + \frac{1}{8} + \frac{1}{16} + \frac{1}{32}\right)$$

最後の数は $\frac{1}{32}$ なので、

$$= 5 \times \left(2 - \frac{1}{32}\right) = 10 - \frac{5}{32} = 9\frac{27}{32}$$

注意 $5 \times \frac{63}{32}$ にするとめんどう。

数の性質 13 — 3の倍数の判定法

位の数字をたして，3の倍数になる。

(例) 38435 → 3+8+4+3+5=23 ⇨ 3の倍数ではない。
73524 → 7+3+5+2+4=21 ⇨ 3の倍数である。

例題

8ケタの数 2□174935 が3でわり切れるように □ の中に最も小さい数をいれなさい。　　　　　　（日大二中）

使い方ナビ　何ケタの数でも，各位の数字をたして3の倍数になっていれば，もとの数も3の倍数です。

解答

2 + □ + 1 + 7 + 4 + 9 + 3 + 5 = □ + 31
　　　　　　　　　　　　　　これが3の倍数に
　　　　　　　　　　　　　　なればよいので

□ = 2, 5, 8
　　↑
　最も小さい数

だから，□にあてはまる数は 2

数の性質 14

4の倍数の判定法

下2ケタが4の倍数になる。

(例)　409526 ⇨ 4の倍数ではない。
　　　　　　×
　　　98765432 ⇨ 4の倍数である。
　　　ここは無視 ○

例題

数字の0, 1, 2, 3を並べて4ケタの数をつくります。このとき, 12の倍数をすべて書きなさい。

使い方ナビ

12の倍数は, 3と4の公倍数なので, 「3の倍数」でしかも「4の倍数」です。

解答

　0 + 1 + 2 + 3 = 6

なので, 数字の並び順を変えても, 3の倍数になります。さらに, 下2ケタが4の倍数になればよいので, 下2ケタは

　12, 20, 32

の3パターンがあります。のこりの数字を合わせると, 求める4ケタの数は,

　3012, 1320, 3120, 1032

15 9の倍数の判定法

位の数字をたして，9の倍数になる。

(例) 4793 → 4+7+9+3＝23 ⇨ 9の倍数ではない。
4293 → 4+2+9+3＝18 ⇨ 9の倍数である。

例題

1だけを並べて，9の倍数をつくりたい。最も小さいものは ☐ です。 （光塩女子・改）

使い方ナビ

何ケタの数でも，各位の数字をたして9の倍数になっていればよい。

解答

1＋1＋…＋1が9の倍数になっていればよいので，1は最も少なくて9個必要です。

1を9個並べて9ケタの数をつくればよいから，☐ にあてはまる数は，

<u>111111111</u>

数の性質 16

11の倍数の判定法

位の数字1個飛ばしにたして，
Ⓐ B̂ Ĉ D̂ Ê →この合計
→この合計 **の差が**
11の倍数になればよい。

(例) ④2⑤9⑥8　4+5+6=15
　　　　　　　　2+9+8=19 } 差は4 ⇨ 11の倍数ではない。

(例) ③8⓪7①　3+0+1= 4
　　　　　　　8+7　 =15 } 差は11 ⇨ 11の倍数である。

例題

11の倍数である5ケタの整数で，各位の数字がどの2つも異なっているもののうち，最も大きいものは　　　です。
(灘)

解答

「どの2つも異なる」というのは，「全部ちがう数字」という意味です。

なるべく大きな数なので，とりあえず98765にしてみます。
すると，⑨8⑦6⑤で，

9 + 7 + 5 = 21
8 + 6 　 = 14 } 差が7なのでダメ

そこで，⑨8⑦□○にして，

9 + 7 + ○
8 + □ } 差が0か11

○のほうが3大きければよいので，③⑥
だから，求める数は，98736

数の性質 17 — 2数の和と最大公約数

和÷最大公約数 に注目！

例題

2つの整数があります。これらの和は126で、最大公約数は14です。この2つの数の組は、どのような場合がありますか。すべての場合を（ ☐ , ☐ ）のように答えなさい。

（聖心女子）

使い方ナビ　2つの整数は14の倍数で、$14 \times A$, $14 \times B$と表すことができ、しかもAとBの部分は約分できない関係です。また、$14 \times A + 14 \times B = 126$ なので、

A + B = 126 ÷ 14

解答

$126 \div 14 = 9$,　A + B = 9

　　1　　8
　　2　　7
　　(3　　6) ←これは3で約分できるのでダメ
　　4　　5

だから、$(14 \times 1, 14 \times 8)$, $(14 \times 2, 14 \times 7)$, $(14 \times 4, 14 \times 5)$ となるので、すべての場合は、(14, 112), (28, 98), (56, 70)

28 | 第1章

数の性質 18

どちらにかけても整数

$\frac{A}{B}$ と $\frac{C}{D}$ のどちらにかけても整数になる分数で最も小さいのは

$$\frac{\text{分母の最小公倍数}}{\text{分子の最大公約数}}$$

$\frac{小}{大}$ にすれば最も小さい。

例題

$4\frac{4}{35}$ と $5\frac{53}{65}$ のどちらかにかけても整数になるような分数のうちで、最も小さい分数を求めなさい。　（立教新座中）

使い方ナビ　帯分数のときは、仮分数に直してから考えます。

解答

$4\frac{4}{35} = \frac{144}{35}$, $5\frac{53}{65} = \frac{378}{65}$

$\frac{144}{35}$ と $\frac{378}{65}$ → $\frac{35と65の最小公倍数}{144と378の最大公約数}$

```
⑤) 35  65          ②) 144  378
    ⑦  ⑬           ⑨) 72   189
                        8    21
```

$5 \times 7 \times 13 = 455$（最小公倍数）　　$2 \times 9 = 18$（最大公約数）

だから、最も小さい分数は、

$\frac{455}{18} = 25\frac{5}{18}$

数の性質 19 — 単位分数に分ける

$$\dfrac{A}{B} = \dfrac{1}{\boxed{}} + \dfrac{1}{\bigcirc}$$

↑
B÷Aの商に1をたす。

←ひき算 $\dfrac{A}{B} - \dfrac{1}{\boxed{}}$ をする。

例題

□に整数を入れなさい。 (大阪桐蔭・改)

$$\dfrac{59}{70} = \dfrac{1}{\boxed{}} + \dfrac{1}{\boxed{}} + \dfrac{1}{\boxed{}}$$

使い方ナビ 分数が3つの場合でも、同じやり方をくり返せば自動的に答えがでます。

解答

$70 \div 59 = 1 \cdots 11$ ←余りは無視 ⇒ $\dfrac{59}{70} = \dfrac{1}{\boxed{2}} + \dfrac{1}{\boxed{}} + \dfrac{1}{\boxed{}}$

　これに1をたして2

$\dfrac{59}{70} - \dfrac{1}{2} = \dfrac{59}{70} - \dfrac{35}{70} = \dfrac{24}{70} = \dfrac{12}{35}$

$35 \div 12 = 2 \cdots 11$ ←無視 ⇒ $\dfrac{59}{70} = \dfrac{1}{\boxed{2}} + \dfrac{1}{\boxed{3}} + \dfrac{1}{\boxed{}}$

　これに1をたして3

$\dfrac{59}{70} - \dfrac{1}{2} - \dfrac{1}{3} = \dfrac{12}{35} - \dfrac{1}{3} = \dfrac{36}{105} - \dfrac{35}{105} = \dfrac{1}{105}$

だから、$\dfrac{59}{70} = \dfrac{1}{\boxed{2}} + \dfrac{1}{\boxed{3}} + \dfrac{1}{\boxed{105}}$

数の性質 20 商と余りが等しくなるのは

$$(わられる数) ÷ (わる数) = 商 \cdots 余り$$

商と余りが等しいとき

$$(わられる数) = (わる数より1大きい数)の倍数$$

例題

100より大きい整数のうち、49でわったときの商と余りが等しくなる整数は ☐ 個あります。　（慶応義塾中等部）

使い方ナビ　（わられる数）÷ 49 = 商 … 余り

等しいので、わられる数は（49 + 1 = 50）の倍数

ただし、余りは、49より小さいので、50の倍数は、50 × 48 = 2400 まで。

解答

49 + 1 = 50 ⇨ 50の倍数になる。それは、
　50 × 1, 50 × 2, 50 × 3, …, 50 × 48

の48個あるが、100より大きいのは 50 × 3 からなので、はじめの2個はダメ。

だから、48 − 2 = 46（個）

数の性質 21 末尾に0は何個続くか

1×2×3×…×N を計算したとき，

N ÷ 5 = 商 … 余り ← 無視
N ÷ (5×5) = 商 … 余り ← 無視
N ÷ (5×5×5) = 商 … 余り ← 無視
} 商が0になるまで続ける。

↑——この合計が0の個数。

例題

$1 \times 2 \times 3 \times 4 \times 5 \times \cdots \times 49 \times 50$ を計算すると，0は一の位から □ 個続きます。　　　　　　（土佐中）

使い方ナビ

ラストが 50 なので
$$50 \div 5,\ 50 \div (5 \times 5)$$
ここまで。次は
$$50 \div \underbrace{(5 \times 5 \times 5)}_{125} = 0 \cdots 50$$
なのでいらない。

解答

$50 \div 5 = \boxed{10} \cdots \cancel{0}$ ← 無視
$50 \div \underbrace{(5 \times 5)}_{25} = \boxed{2} \cdots \cancel{0}$ ← 無視
　　　　↳ 合計 $10 + 2 = 2$

だから，0は一の位から，<u>12</u> 個続きます。

数の性質 22 同じ数の積と余り

余りに次々かけていく。

例題

$3 \times 3 \times \cdots \times 3$ のように，3を50個かけた数をAとするとき，次の問いに答えなさい。　　　　　（立教新座）
(1) Aを10でわったときの余りはいくつですか。
(2) Aを5でわったときの余りはいくつですか。

解答

(1) $3 \div 10 = 0 \cdots ③$
　↳ $3 \times 3 = 9 \Rightarrow 9 \div 10 = 0 \cdots ⑨$　｜周期4
　↳ $9 \times 3 = 27 \Rightarrow 27 \div 10 = 2 \cdots ⑦$　｜$50 \div 4 = 12 \cdots 2$
　↳ $7 \times 3 = 21 \Rightarrow 21 \div 10 = 2 \cdots ①$　｜3, 9, 7, 1の2番目
　↳ $1 \times 3 = 3 \Rightarrow 3 \div 10 = 0 \cdots ③$　｜だから，9

(2) $3 \div 5 = 0 \cdots ③$
　↳ $3 \times 3 = 9 \Rightarrow 9 \div 5 = 1 \cdots ④$　｜周期4
　↳ $4 \times 3 = 12 \Rightarrow 12 \div 5 = 2 \cdots ②$　｜$50 \div 4 = 12 \cdots 2$
　↳ $2 \times 3 = 6 \Rightarrow 6 \div 5 = 1 \cdots ①$　｜3, 4, 2, 1の2番目
　↳ $1 \times 3 = 3 \Rightarrow 3 \div 5 = 0 \cdots ③$　｜だから，4

基本事項

時刻と曜日

▷ 単位について確認しましょう！

$1\text{分} = 60\text{秒}$ → 逆にすると → $1\text{秒} = \dfrac{1}{60}\text{分}$

$1\text{時間} = 60\text{分}$ → 逆にすると → $1\text{分} = \dfrac{1}{60}\text{時間}$

$\phantom{1\text{時間}} = 60 \times 60$

$\phantom{1\text{時間}} = 3600\text{秒}$ → 逆にすると → $1\text{秒} = \dfrac{1}{3600}\text{時間}$

$1\text{日} = 24\text{時間}$ → 逆にすると → $1\text{時間} = \dfrac{1}{24}\text{日}$

$\phantom{1\text{日}} = 24 \times 60$

$\phantom{1\text{日}} = 1440\text{分}$ → 逆にすると → $1\text{分} = \dfrac{1}{1440}\text{日}$

$1\text{年} = 365\text{日}$（うるう年は 366 日）

小の月（31 日のない月）
- 2月，4月，6月，9月，11月

西	向	く	士
にし	む	く	さむらい
2 4	6	9	11

このように覚えます。
(「士」は「十」と「一」に分けられます)

▷ 時計の針の動き方

- 長針は1分に6°ずつ
- 短針は1分に0.5°ずつ

　長針が短針を1分に5.5°のペースで追いかける(ひきはなす)，というイメージ。

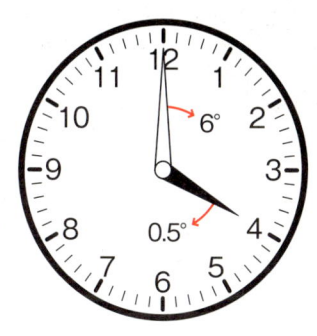

▷ 〜日後と〜日目

　問題文の言葉使いに注意しましょう。

- 5月3日の6日後　→　5月9日

- 5月3日に始まって6日目　→　5月8日
  5月3日が1日目になるので，5日後のことです。

- 5月3日から5月8日までは何日間　→　6日間
  8 − 3 = 5の5日間ではありません。

- 今日は5月3日以来，4日ぶりの晴天　→　今日，5月7日
  「〜ぶり」は「〜後」と同じです。

- 今日で5月3日から4日連続の雨　→　今日，5月6日
  5月3日が1日目になるので，3日後のことです。

時刻と曜日

23 時間のかけ算

時刻と曜日

普通に筆算…だけど60で繰り上がる。

例題

2時間48分15秒×7 を計算しなさい。

解答

①   2：48：15
  ×   7
      105 ← 60をこえているので，
        105 ÷ 60 = ①…45

②   2：48：15
  × ① 7
    337 1̶0̶5̶
       45

繰り上がりの1

337 ÷ 60 = △5…37

③   2：48：15
  ×△5 ① 7
  19 3̶3̶7̶ 1̶0̶5̶
    37 45

繰り上がりの5

だから，<u>19時間37分45秒</u>

24 時間のわり算

60倍にして下の単位にたしていく。

例題
10時間8分36秒÷6 を計算しなさい。

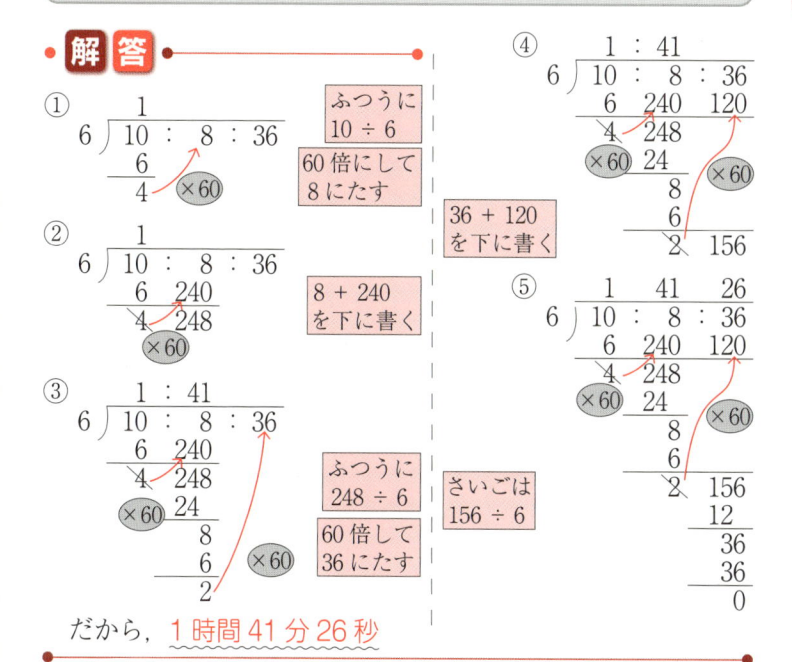

解答

①
```
      1
6 ) 10 :  8 : 36
    6
    4   ×60
```
ふつうに 10÷6

60倍にして 8にたす

②
```
      1
6 ) 10 :  8 : 36
    6   240
    4   248
    ×60
```
8 + 240 を下に書く

③
```
      1 : 41
6 ) 10 :  8 : 36
    6   240
    4   248
   ×60   24
          8
          6   ×60
          2
```
ふつうに 248÷6

60倍して 36にたす

36 + 120 を下に書く

④
```
      1 : 41
6 ) 10 :  8 : 36
    6   240  120
    4   248
   ×60   24       ×60
          8
          6
          2  156
```

⑤
```
      1   41   26
6 ) 10 :  8 : 36
    6   240  120
    4   248
   ×60   24       ×60
          8
          6
          2  156
             12
             36
             36
              0
```

さいごは 156÷6

だから，1時間41分26秒

時刻と曜日 | 37

25 時刻と曜日 — 短針が長針に重なる・一直線

(1) 長針と短針が重なるのは、
0:00から始まり **1時間 5$\frac{5}{11}$分ごと**

(2) 長針と短針が一直線に
反対向きになるのは、 **1時間 5$\frac{5}{11}$分ごと**

ともに1日に22回あります。

(1) 長針と短針が重なる時刻は、次の図のようになります。

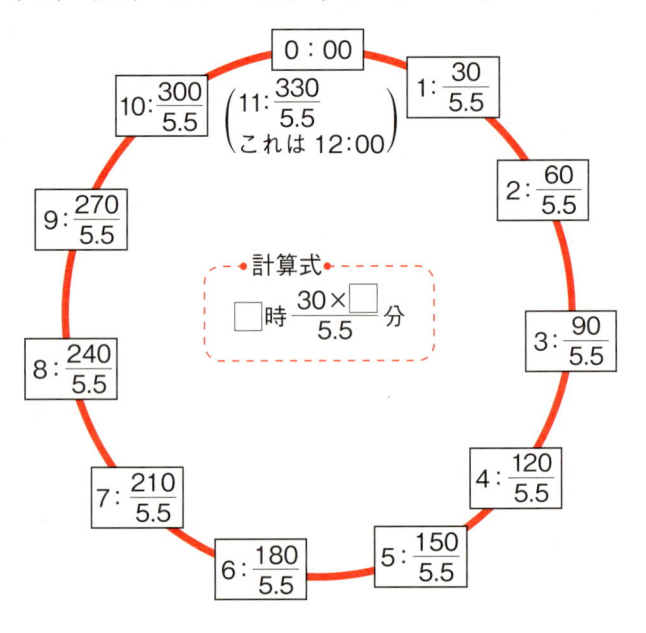

- 0:00
- (11:$\frac{330}{5.5}$ これは 12:00)
- 1:$\frac{30}{5.5}$
- 2:$\frac{60}{5.5}$
- 3:$\frac{90}{5.5}$
- 4:$\frac{120}{5.5}$
- 5:$\frac{150}{5.5}$
- 6:$\frac{180}{5.5}$
- 7:$\frac{210}{5.5}$
- 8:$\frac{240}{5.5}$
- 9:$\frac{270}{5.5}$
- 10:$\frac{300}{5.5}$

・計算式・
□時 $\frac{30 \times □}{5.5}$ 分

例題 1

ある時計は長針と短針が重なるときにアラームが鳴ります。アラームは何時間何分おきに鳴りますか。（甲陽学院中）

使い方ナビ 38ページの公式を使います。

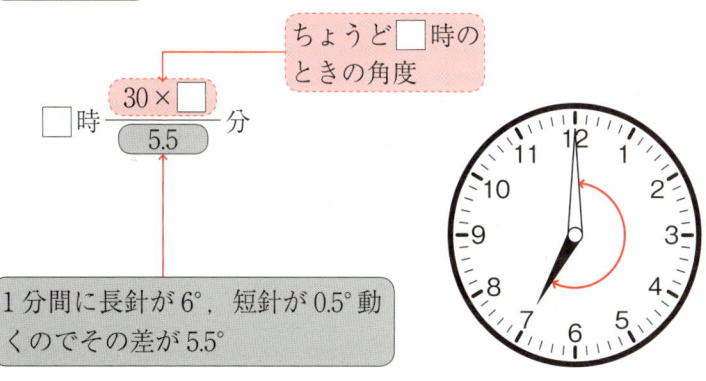

□時 $\dfrac{30 \times \boxed{}}{5.5}$ 分

ちょうど□時のときの角度

1分間に長針が6°，短針が0.5°動くのでその差が5.5°

参考 右の図で，$\boxed{7}$ 時の長針と短針の角度は $\boxed{30°} \times \boxed{7} = 210°$ となっています。

解答

0:00に重なるので，その次の1時○分を計算すればよい。

$\boxed{1}$ 時 $\dfrac{30 \times \boxed{1}}{5.5}$ 分

$\dfrac{30}{5.5} = \dfrac{60}{11} = 5\dfrac{5}{11}$

だから，1時間 $5\dfrac{5}{11}$ 分おき

(2) 長針と短針が一直線上に反対向きになる時刻は，次の図のようになります。

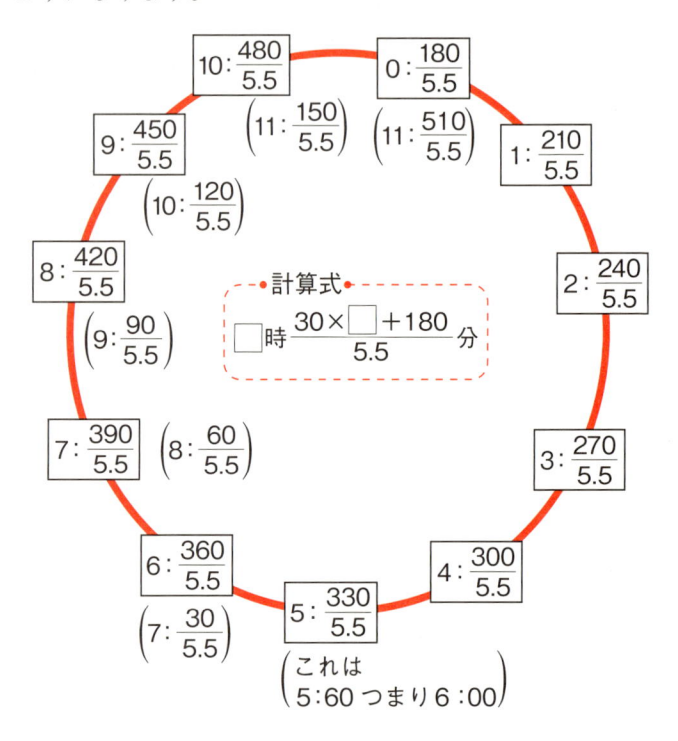

$10:\dfrac{480}{5.5}$

$\left(11:\dfrac{150}{5.5}\right)$

$0:\dfrac{180}{5.5}$

$\left(11:\dfrac{510}{5.5}\right)$

$9:\dfrac{450}{5.5}$

$\left(10:\dfrac{120}{5.5}\right)$

$1:\dfrac{210}{5.5}$

$8:\dfrac{420}{5.5}$

$\left(9:\dfrac{90}{5.5}\right)$

$2:\dfrac{240}{5.5}$

・計算式・

□時 $\dfrac{30\times\square+180}{5.5}$ 分

$7:\dfrac{390}{5.5}$ $\left(8:\dfrac{60}{5.5}\right)$

$3:\dfrac{270}{5.5}$

$6:\dfrac{360}{5.5}$

$\left(7:\dfrac{30}{5.5}\right)$

$5:\dfrac{330}{5.5}$

$\left(\begin{array}{l}\text{これは}\\5:60\text{ つまり }6:00\end{array}\right)$

$4:\dfrac{300}{5.5}$

例題 2

8時から9時の間で時計の長針と短針が反対向きで一直線になるのは，何時何分ですか。

使い方ナビ 40ページの公式を使います。

$$\boxed{}時\dfrac{30\times\boxed{}+180}{5.5}分$$

- $30\times\boxed{}$ → ちょうど $\boxed{}$ 時のときの角度
- 180 → 一直線なので $180°$
- 5.5 → 長針と短針の1分間の動きの差

解答

$$\boxed{8}時\dfrac{30\times\boxed{8}+180}{5.5}分$$

を計算すると，

$$\dfrac{420}{5.5}=\dfrac{840}{11}=76\dfrac{4}{11}(分)$$

これでは 8時$76\dfrac{4}{11}$分 = 9時$16\dfrac{4}{11}$分になってしまうので，

$\boxed{}$ 内を7として

$$\boxed{7}時\dfrac{30\times\boxed{7}+180}{5.5}分$$

$$\dfrac{390}{5.5}=\dfrac{780}{11}=70\dfrac{10}{11}(分)$$

だから，長針と短針が反対向きで一直線になるのは，

7時$70\dfrac{10}{11}$分 = <u>8時間$10\dfrac{10}{11}$分</u>

時刻と曜日

26 短針と長針が90°

長針と短針が90°になるのは、$32\frac{8}{11}$分ごと 1日に44回あります。

●計算式●

□時 $\dfrac{30 \times \Box + \text{⑨⓪}}{5.5}$ 分

□時 $\dfrac{30 \times \Box + \text{②⑦⓪}}{5.5}$ 分

例題

4時から5時の間で時計の長針と短針の間の角度が90°になるのは，何時何分ですか。すべて答えなさい。

使い方ナビ 42ページの計算式にあてはめます。

解答

$\boxed{4}$時 $\dfrac{30 \times \boxed{4} + 90}{5.5}$ 分

→ $\dfrac{210}{5.5}$ 分 = $\dfrac{420}{11}$ 分 = $38\dfrac{2}{11}$ 分

$\boxed{4}$時 $\dfrac{30 \times \boxed{4} + 270}{5.5}$ 分

→ $\dfrac{390}{5.5}$ 分 = $\dfrac{780}{11}$ 分 = $70\dfrac{10}{11}$ 分

これは5時をこえるのでダメ

$\boxed{3}$時 $\dfrac{30 \times \boxed{3} + 270}{5.5}$ 分

→ $\dfrac{360}{5.5}$ 分 = $\dfrac{720}{11}$ 分 = $65\dfrac{5}{11}$ 分

3時 $65\dfrac{5}{11}$ 分 = 4時 $5\dfrac{5}{11}$ 分

だから，求める時刻は，4時 $5\dfrac{5}{11}$ 分，4時 $38\dfrac{2}{11}$ 分

時刻と曜日

27 短針と長針が入れかわる

A時○分とB時△分で長針と短針の位置が入れかわるとき、その時間差は、

$$\frac{360}{6.5} \times (B - A) \text{ 分}$$

例題

午前7時と午前8時との間に家を出て，その日の午後2時と午後3時との間に家に帰りました。家を出るときと帰ったときに時計を見たところ，長針と短針がちょうど入れかわった位置にありました。外出していた時間は何時間何分ですか。

(甲陽学院中)

解答

まず，午前・午後を無視して7時○分と2時△分なので，

$$\frac{360}{6.5} \times (7 - 2) = \frac{3600}{13} = 276\frac{12}{13} \text{分} = 4\text{時間}36\frac{12}{13}\text{分}$$

2時△分 → 7時○分 のときは，これが答えだが，ここでは7時○分 → 2時△分 なので，12時間からひきます。

$$12\text{時間} - 4\text{時間}36\frac{12}{13}\text{分} = \underline{7\text{時間}23\frac{1}{13}\text{分}}$$

公式のなりたち！

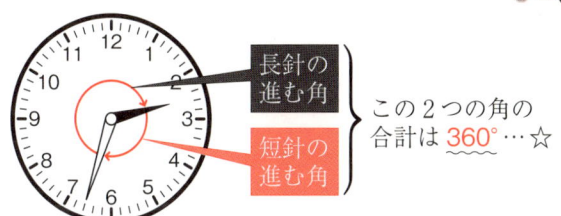

長針の進む角　短針の進む角　この2つの角の合計は 360°…☆

長針は，これ以外にも何回転か多く進んでいます。
例えば，2時○分 → 7時△分 だったら，
　ちょうど3時から7時の4時間分
つまり4回転しています。

これに☆の360°(1回転分)をたすと，長針と短針で合計(7 − 2 =) 5回転進んだことになります。
　　360°×(7 − 2)
です。

長針は1分に6°，短針は1分に0.5°なので，2つの針は，合わせて1分に
　　6° + 0.5° = 6.5°
進みます。つまり

$$\frac{360}{6.5} \times (7 - 2) \text{ (分)}$$

です。

7時△分 → 2時○分のように時刻が逆のときは12時間からひけばOK。

時刻と曜日

28 狂った時計が正しい時刻を指す

正しい時刻を指すのは，

$$\frac{\text{始めのずれ}}{\text{全体のずれ}} \times \text{正しい時間差}$$

（時間）後です。

例題

午前8時30分のとき8時39分を示していた時計が，この日の午後4時30分には4時27分を示していました。この日，この時計が正しい時刻を示したのは何時何分ですか。

（公文国際中）

使い方ナビ はじめ（8時30分）のずれは，9分

全体のずれは，「9分進み」から「3分おくれ」にかわったので，

9 + 3 = 12（分）

正しい時間差は，

午後4時30分 − 午前8時30分 = 8時間

解答

$$\frac{9}{9+3} \times 8 = 6（時間後）$$

正しい時刻を指すのは，

午前8時30分 + 6時間 = 午後2時30分

参考 これが,
　午前8時30分で, 8時39分
　午後4時30分で, 4時33分
だったら,
始めのずれは
　39 − 30 = 9(分)進み
全体のずれは
　9分進みから3分進み
なので,
　9 − 3 = 6(分)
だから,
　$\frac{9}{9-3} \times 8 = 12$(時間後)
　正しい時刻を指すのは,
　午前8時30分 + 12時間 = 午後8時30分

注意 全体のずれを計算するときは, 進んでいるのかおくれているのかに注意しましょう。

29 曜日が同じ月

1学期と2学期は
始まりと終わりが同じ。

4月と7月，9月と12月は曜日がまったく同じだよ。

例題

A中学校の1学期の始業式は4月8日金曜日です。7月21日の終業式は何曜日ですか。

使い方ナビ 4月と7月は曜日がまったく同じなので，4月8日が金曜日なら7月8日も金曜日です。あとは7月21日まで書き並べると曜日がわかります。

解答

4月8日(金)→7月8日(金)
あとは，右のように，
カレンダーをつくると
7月21日は木曜日

日	月	火	水	木	金	土
					⑧	9
10	11	12	13	14	15	16
17	18	18	20	㉑		

30 A月A日の法則

4月以降の偶数月で、
4月4日, 6月6日, 8月8日, 10月10日, 12月12日, の曜日は同じ。

A月A日の曜日は同じ。

例題

ある年の4月1日は月曜日です。同じ年の12月1日は何曜日ですか。

使い方ナビ

4月4日と12月12日は同じ曜日なので、
　4月1日　→　4月4日　→　12月12日　→　12月1日
の順に曜日をチェックします。

解答

4月4日は木曜日だから、
12月12日も木曜日。

日	月	火	水	木	金	土
	1	2	3	④		

12月のカレンダーを逆に書いて、
12月1日は日曜日

日	月	火	水	木	金	土
①	2	3	4	5	6	7
8	9	10	11	⑫		

ここからもどる

31 1年後の曜日

時刻と曜日

1年後の曜日は1つ進む。
ただし，間に2月29日が入るときは，
2つ進む。

例題

2003年2月2日は日曜日ですが，6年後の2月2日は何曜日ですか。
(東京電機大学中)

使い方ナビ うるう年の2004年2月29日，2008年2月29日が間に入るところに注意して曜日を書き並べます。

解答

6年後は，2003 + 6 = 2009(年)

2003年 2/2	2004年 2/2	2005年 2/2	2006年 2/2	2007年 2/2	2008年 2/2	2009年 2/2
日	月	水	木	金	土	月

2004年2/2の前に2月29日、2009年2/2の前に2月29日

1つ進めて / 2つ進めて / 1つ進めて / 1つ進めて / 1つ進めて / 2つ進めて

だから，6年後の2月2日は<u>月曜日</u>

32 カレンダーの日づけの和

日 月 火 水 木 金 土

横の合計 = まん中（水曜日）の日づけ×7

例題

ある月のカレンダー（日月火水木金土の並び）のある週は，日づけの合計が112でした。この月の1日は何曜日ですか。

使い方ナビ 112÷7で水曜日の日づけがわかります。

解答

112 ÷ 7 = 16 ⇨ 16日が水曜日

カレンダーを書くと，下のようになります。

日	月	火	水	木	金	土
			1	2	3	4	5
6	7	8	9	10	11	12
13	14	15	⑯	17	18	19
…						

←この週の日づけの合計が112だから，この月の1日は<u>火曜日</u>

時刻と曜日

33 時刻と曜日 — 暦算の究極法則

ロックな苺（いちご）パンツ

日	月	火	水	木	金	土
6	9	7	1	5	8	2
	12	4	10			3
	2学期の法則	1学期の法則	110番			11

例題

2011年5月7日は土曜日です。2013年11月15日は何曜日ですか。

使い方ナビ 同じ日にちが、月によってどんな曜日に変わるのかをまとめたものです。

例えば、1月10日が水曜日だとすると、

6月10日は（日）、$\begin{cases} 9月10日 \\ 12月10日 \end{cases}$は（月）、$\begin{cases} 7月10日 \\ 4月10日 \end{cases}$は（火）

10月10日は（水）、 5月10日は（木）、 8月10は（金）

$\begin{cases} 2月10日 \\ 3月10日 \\ 11月10日 \end{cases}$は（土）

というように、ひと目でわかります。

もし，1月10日が月曜日のときは，

金	土	日	月	火	水	木
6	9	7	1	5	8	2
	12	4	10			3
						11

というように，曜日をずらして書けばOKです。

また，うるう年のときは，1月と2月を1つ前にずらして，

日	月	火	水	木	金	土
6	9	7	①	5	8	②
	12	4	10		2	3
			1			11

と改造すればOKです。

解答

まず，「1 年で + 1，うるう年は + 2」の法則を使って，

$$2011.5/7(土) \xrightarrow[(2/29)]{+2} 2012.5/7(月) \xrightarrow{+1} 2013.5/7(火)$$

うるう年

次に，「究極法則」で，各月の 7 日の曜日がわかります。

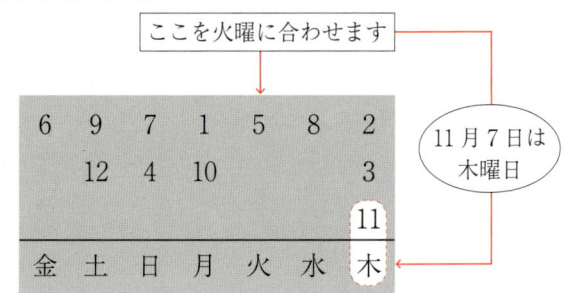

ここを火曜に合わせます

6	9	7	1	5	8	2
	12	4	10			3
						11
金	土	日	月	火	水	木

11 月 7 日は木曜日

だから，2011 年 5 月 7 日が土曜のとき，2013 年 11 月 7 日は木曜日であることがわかります。

仕上げは，カレンダーを書いて，

2013 年

日	月	火	水	木	金	土
				7	8	9
10	11	12	13	14	15	16
…						

2013 年 11 月 15 日は 金曜日

34 西れき÷年れい

西れきが年れいでわり切れるのは，

（西れき－年れい）の約数の年

例題

花子さんは，西れき 2001 年 1 月 1 日に 13 歳になりました。この後，花子さんが 100 歳になるまでに，西れきの年号が花子さんの年れいでわり切れるのは，花子さんが何歳のときですか。すべての場合を答えなさい。

（フェリス女学院中）

使い方ナビ

今の西れき－今の年れい を計算します。これは何歳になっても変わりません。

解答

2001 － 13 ＝ 1988

1988 の約数は，

1，2，4，7，⑭，㉘，㊀，142，284，497，994，1988

13 より大きく 100 以下の数を選んで，

14 歳，28 歳，71 歳

速さ

基本事項

速 さ

▷ 速さの基本

速さを求めるとき，「は」をかくして

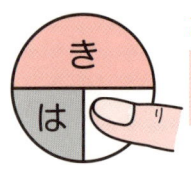

$\dfrac{き}{じ}$　きょり÷じかん

かかった時間を求めるとき，「じ」をかくして

$\dfrac{き}{は}$　きょり÷はやさ

きょり(道のり)を求めるとき，「き」をかくして

は｜じ　はやさ×じかん

▶ 時間の単位に注意！

例　時速を計算するときは，時間に合わせるので，

$1時間42分 = 1\dfrac{42}{60} = 1\dfrac{7}{10}時間$

例　分速を計算するときは，分に合わせるので，

$1時間15分25秒 = 75分25秒$
$= 75\dfrac{25}{60} = 75\dfrac{5}{12}分$

▷ 逆 数

まる覚え公式では「速さの逆数」「時間の逆数」をよく使います。

逆数とは分子と分母を入れかえた数です。

例 時速 20km の逆数は $\dfrac{1}{20}$

例 5.2 分の逆数は $\dfrac{52}{10}\dfrac{^{26}}{_{5}} \to \dfrac{5}{26}$

のようになります。

速さの逆数は 道のり1(km) または1(m) を進むのにかかる時間を表します。

時間の逆数は，速さと同じ意味になります。

例 時速 60km ⇨ 逆数 $\dfrac{1}{60}$ は，1km を進むのに $\dfrac{1}{60}$ 時間 (1分)かかることを表します。

例 分速 120m ⇨ 逆数 $\dfrac{1}{120}$ は，1m を進むのに $\dfrac{1}{120}$ 分 (0.5秒)かかることを表しています。

速さ 35 速さの単位

秒速 ◯ m —×3.6→ 時速 □ km

時速 □ km ÷3.6→ 秒速 ◯ m

例題

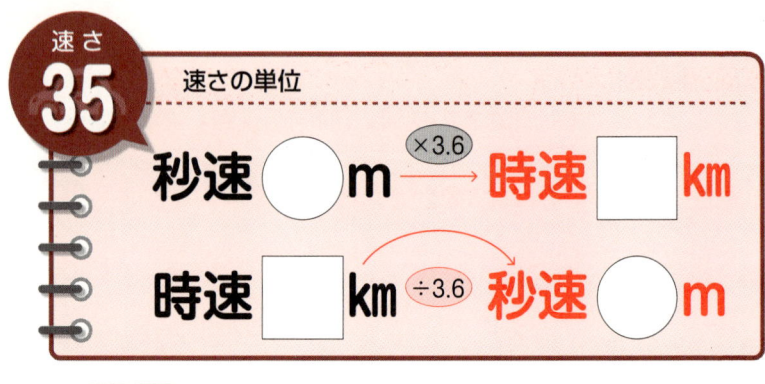

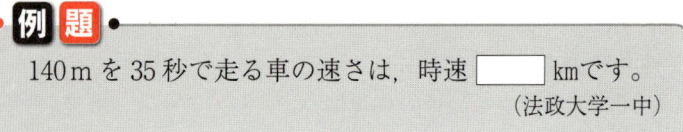

140m を 35 秒で走る車の速さは，時速 □ km です。
(法政大学一中)

使い方ナビ

道のり÷速さ で秒速を求めてから，3.6 倍すると時速になります。

解答

140m ÷ 35 秒 = 秒速 4 m
4 × 3.6 = 14.4
だから求める速さは，時速 14.4 km

公式のなりたち！

秒速 10 m を時速に直す計算を考えてみましょう。
秒速 10 m とは，「1 秒間に 10 m 進む」という意味です。

1 秒で	10 m
10 秒で	100 m
100 秒で	1000 m
⋮	⋮

ということになります。

時速とは「1 時間に何 km 進むか」という意味です。
1 時間は
　60 × 60 = 3600 秒なので，
3600 秒では，
　10 m × 3600 = 36000（m）
進みます。つまり，1 時間に
　36000 m
進みます。あとは，m を km に直せばよいので，1000 でわると，
　36000 ÷ 1000 = 36（km）
　計算の流れをよ〜く見ると，3600 倍してから 1000 でわっています。つまり，
　× 3600 ÷ 1000 = × 3.6
これが，3.6 倍の意味です。

速さ 36 往復の平均の速さ

$$\frac{(行き) \times (帰り)}{(行き) + (帰り)} \times 2$$

- 分母・分子: (速さのかけ算)／(速さのたし算)×往復
- ×2: 往復だから

例題

A君はある坂道を毎分60mの速さでのぼり，毎分100mの速さで下ります。いま，A君がこの坂道をPからQまでのぼって，すぐに下り，Pまでもどるのに6分40秒かかりました。PからQまでのきょりを求めなさい。 （早実中）

使い方ナビ

坂道の往復で，のぼり（行き）と下り（帰り）の速さがそれぞれわかっているので，平均の速さをだせば，往復の道のりも計算できる。

解答

平均の速さ $= \dfrac{60 \times 100}{60 + 100} \times 2 = \dfrac{60 \times 100 \times 2}{160} = $ 分速75m

往復の道のり $= 75 \times 6\dfrac{40}{60} = 75 \times \dfrac{20}{3} = 500$ (m)

PからQは片道分なので，PからQまでのきょりは，

$500 \div 2 = \underline{250 \text{(m)}}$

公式のなりたち！

行きの速さを「行」，帰りの速さを「帰」，片道の道のりを「①」とします。

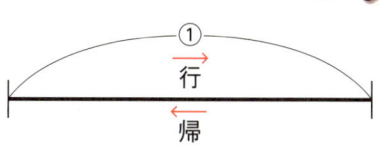

行きにかかる時間は，「道のり÷速さ」で，$\dfrac{1}{行}$

帰りにかかる時間は，$\dfrac{1}{帰}$

つまり，往復にかかる時間は，$\dfrac{1}{行}+\dfrac{1}{帰}$
これを通分して計算すると

$$\dfrac{帰}{行\times帰}+\dfrac{行}{行\times帰}=\dfrac{行+帰}{行\times帰}$$

往復の道のりは②なので，

$$平均の速さ=②\div\dfrac{行+帰}{行\times帰}$$

$$=2\times\dfrac{行\times帰}{行+帰}$$

これより，

$$\dfrac{(行き)\times(帰り)}{(行き)+(帰り)}\times2$$

ができます。

速さ 37 出会うまでの時間

片道のきょり ÷ 速さの和

出発地点がちがうとき

往復のきょり ÷ 速さの和

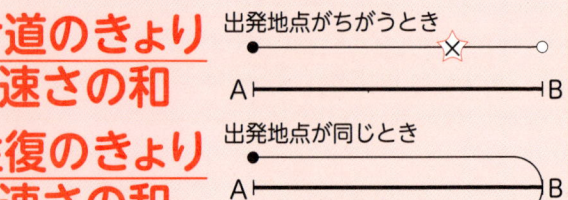

出発地点が同じとき

例題

A, B 2人が4.2kmはなれた2地点P, Qの間を休むことなく往復しています。AはP地点を毎分700mの速さで, BはQ地点を毎分300mの速さで, 同時に出発しました。次の問いに答えなさい。　　　　　　　　　　　(ラ・サール中)

(1) 出発して2回目にA, Bが同じ地点にくるのは出発して何分後ですか。

(2) 出発して5回目にA, Bが同じ地点にくるのは出発して何分後ですか。

使い方ナビ　出会ってから次に出会うまでの時間は, 往復のパターン。

単位は速さの単位に合わせておきます。

解答

(1) 1回目は片道パターンなので,

$$\frac{4200}{700+300}=\frac{4200}{1000}=4.2(分)$$

1回目〜2回目は, 往復のパターンなので,

$$\frac{4200 \times 2}{700 + 300} = \frac{8400}{1000} = 8.4(分)$$

出発して2回目にA，Bが同じ地点にくるのは，

4.2 + 8.4 = 12.6(分後)

(2) あとは8.4分ごとに出会うので，A，Bが同じ地点に5回目にくるのは，

4.2 + 8.4 × 4 = 37.8(分後)

公式のなりたち！

2人がはなれていて，Aが毎分700 m，Bが毎分300 mで近づくものとして考えてみます。

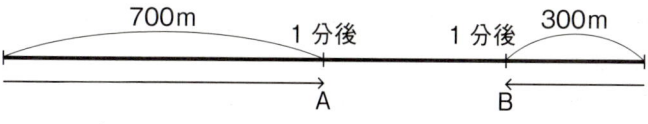

図のように2人のきょりは1分後には

700 + 300 = 1000(m)

近づきます。1分に1000 mずつなので，これが2人の近づく速さです。ところで，1000 mは2人の速さの和なので，速さの和が2人の近づく速さということになります。つまり，2人が出会う時間は，

2人のきょり÷速さの和

になります。

また，2人のきょりは，右の図のようになります。

このときは，片道分

このときは，往復分

速さ 38 追いつくまでの時間

$$\dfrac{2人のきょり}{速さの差}$$

(先に出発した人の速さ)×(出発時間の差)

例題

弟は8時ちょうどに家を出て,毎分80 mの速さで歩いて学校に向かいました。その5分後に兄が忘れ物に気づいて,毎分200 mの速さで自転車で追いかけました。兄が弟に追いついたのは何時何分何秒ですか。

使い方ナビ

2人のきょり＝弟の速さ×出発の時間差

公式ででてくる追いつくまでの時間は,兄が出発してからの時間です。

解答

2人のきょり　$80 \times 5 = 400$(m)

速さの差　$200 - 80 = 120$ ⇨ 毎分120 m

$\dfrac{400}{120} = \dfrac{10}{3} = 3\dfrac{1}{3} = 3\dfrac{20}{60}$ ⇨ 3分20秒

8時＋5分＋3分20秒＝ 8時8分20秒

公式のなりたち！

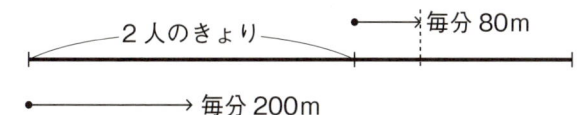

```
|——2人のきょり——|——→毎分80m
|————————————————|
●————→毎分200m
```

あとから出発した人が追いつくという問題なので，スタート地点で
・2人がどのくらいはなれているのか？
・2人の近づく速さは？
の2つがわかれば解けます。

2人のきょりは，先に出発した人が進んだ道のりのことなので，

先に出発した人の速さ×出発時間の差

2人の近づく速さは，毎分80mでにげる人を毎分200mで追いかけるので，

$200 - 80 = 120 \Rightarrow$ 毎分120m

だから，1分間に120mずつ近づきます。つまり，

2人の速さの差

になります。

2人のきょり÷速さの差

で追いつくまでの時間がわかります。

速さ 39 時間差から道のりを求める

$$時間差 \div \left(\frac{1}{速さ}の差\right)$$

例題

A町からB町へ行くのに，春子さんは時速6kmで走り，夏子さんは時速4kmで歩いたところ，春子さんは夏子さんより15分早くB町に着きました。A町とB町は□kmはなれています。

（十文字中）

使い方ナビ

時間差は15分であるが，速さの単位が時速なので「分」を「時間」に直しておく。

$\frac{15}{60} = \frac{1}{4}$（時間）

解答

$\frac{1}{4} \div \left(\frac{1}{4} - \frac{1}{6}\right) = \frac{1}{4} \div \frac{1}{12}$

$= \frac{1 \times 12}{4 \times 1} = \underline{3}$（km）

公式のなりたち！

Aさん（速い人）とBさん（遅い人）が同じ道のりを進んだとき，Aさんが先に着いて，Bさんと時間差ができます。その時間差から道のりを求めます。

まず，道のりを1とすると，

$$時間差 = \left(\frac{1}{Bの速さ} - \frac{1}{Aの速さ}\right) \quad ★$$

になります。この時間差は，道のりが2になると2倍に，3になると3倍に，というように増えていきます。

逆に，時間差が2倍だったら道のりは2だというように，道のりがわかります。

つまり

実際の時間差が★の時間差の何倍かを計算すれば道のりがわかる

ので，

$$道のり = 時間差 \div \left(\frac{1}{Bの速さ} - \frac{1}{Aの速さ}\right)$$

です。

速さ

速さ 40 ゴール手前何mか

速い人がゴールしたとき、遅い人は
ゴール手前何mの地点にいるか？

遅い人の速さ×タイム差

例題

50 mを和子さんは28.2秒、洋子さんは30秒で泳ぎます。いま2人が同時にスタートして50 m泳ぐとすると、和子さんがゴールしたとき、洋子さんはゴールから何m手前にいますか。
（和洋国府台女子中）

使い方ナビ 速さを計算するときは、分数のままにしておくと便利です。

解答

洋子さんのほうが遅いので、その速さを求めると、

$$50 \div 30 = \frac{50}{30} = \frac{5}{3} \Rightarrow 毎秒 \frac{5}{3} \text{ m}$$

タイム差は
$$30 - 28.2 = 1.8(秒)$$
なので、
$$\frac{5}{3} \times 1.8 = \frac{5}{3} \times \frac{18}{10} = 3(\text{m})$$

だから、洋子さんはゴールの <u>3 m手前</u> にいます。

公式のなりたち！

```
スタート                                    ゴール
|――――――――――――――――――――|――――→|
                              遅い人  速い人
```

> 遅い人は，あとこのきょりを泳げばゴールできる

このきょりにかかる時間は，2人のタイム差になるので，

遅い人の速さ×タイム差

で，ゴール手前何m地点にいるのかがわかります。

例 分速60mで歩くA君と，分速50mで歩くB君がスタート地点から3600mはなれたゴールまで同時に出発する。A君，B君がスタート地点を出発してから，A君がゴールに着くまで時間は，$3600 ÷ 60 = 60$(分)
このとき，B君はスタート地点から，
$$50 × 60 = 3000(m)$$
の地点にいます。これはゴールから600mの地点なので上の公式
$$50 × \left(\frac{3600}{50} - \frac{3600}{60}\right) = 50 × 12 = 600(m)$$
にあいます。

速さ

速さ 41

○m走で同時にゴールするために

速い人がゴールしたとき，遅い人は□mしか走っていないとき

速い人が走るきょりを
$\dfrac{○ \times ○}{□}$ (m) にすれば，同時にゴールできる。

例題

太郎君と次郎君の2人が500mの競走をしたところ，太郎君がゴールインしたとき，次郎君はゴール手前100mのところにいました。この競争で太郎君の出発点を，もとの出発点より ア イ ウ mさげると，2人は同時にゴールインすることができます。
(桐蔭学園中)

使い方ナビ

500m走なので，○には500が入ります。普通の競走で，太郎君(速い人)がゴールしたとき，次郎君(遅い人)は100m手前なので，□には400が入ります。

解答

太郎君が500m走ったとき，次郎君は
$500 - 100 = 400 \text{(m)}$
しか走ってないので，太郎君が走るきょりを
$\dfrac{500 \times 500}{400} = 625 \text{(m)}$
にすれば同時にゴールできます。つまり太郎君のハンディは，
$625 - 500 = \boxed{1}\boxed{2}\boxed{5} \text{(m)}$

公式のなりたち！

　速い人が◯m進む間に遅い人は□m進んだので，同じ時間に進む道のりの比は，

　　速い人　遅い人
　　　◯　：　□

　何m走っても，この比は変わらないので，

　　遅い人が◯m進むとき，速い人が？m進むとすると，

$$? : ◯ = ◯ : □$$

$$? × □ = ◯ × ◯$$

$$? = \frac{◯ × ◯}{□}$$

　つまり，速い人のきょりを

$$\frac{◯ × ◯}{□} \text{(m)}$$

にすれば，遅い人は◯m進めるので，同時にゴールができます。

速さ 42　すれちがう列車の速さと長さ

$$\binom{速さ}{の和} \times \binom{すれちがい}{の時間} = 長さの和$$

例題

長さ157 m，時速72 kmの上り特急列車と，時速54 kmの下り普通列車が出会ってから，はなれるまで8秒かかりました。この普通列車の長さは何mですか。　　　　(市川中)

使い方ナビ

時速÷3.6＝秒速 を使って速さの単位を変えておきます。

すれちがいの時間＝出会いからはなれるまでの時間

□の逆算を使います。

解答

時速72 km÷3.6＝秒速20 m，
時速36 km÷3.6＝秒速10 m
(20 ＋ 10) × 8 ＝ 157 ＋ □
　　　　240 ＝ 157 ＋ □
　　　　　　□ ＝ 240 － 157 ＝ 83(m)

公式のなりたち！

2つの列車が出会ってからはなれるまでを考えます。

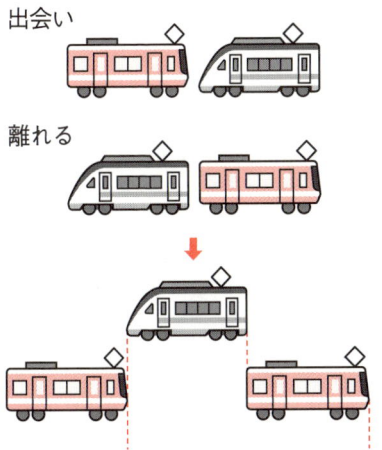

出会い

離れる

↓

～に乗っている人から見ると、～がそれぞれの速さの和でやってきて、通りぬけることになります。

長さの和

したがって、

速さの和×すれちがいの時間 ＝ 長さの和

速さ 43 通過算

速さ＝トンネルの長さの差　÷かかった時間の差
列車の長さ＝速さ×時間　－トンネルの長さ

例題

ある列車が，1200 mのトンネルに入りはじめてから通りぬけるまでに1分26秒かかり，64 mの橋をわたりはじめてからわたり終わるまでに15秒かかりました。この列車の長さは ア mで，速さは時速 イ kmです。 ア ， イ にあてはまる数を求めなさい。 (早実中)

使い方ナビ

トンネル1200 m，橋64 mなので，その差
　1200 － 64 ＝ 1136（m）
を，進むのにかかった時間の差でわります。速さがわかれば，次に，走った道のりからトンネルの長さをひくと，列車の長さがわかります。

解答

1分26秒 ＝ 86秒
　(1200 － 64) ÷ (86 － 15) ＝ 1136 ÷ 71 ＝ 16 ⇨ 秒速16 m
列車の長さと時速は，
　16 × 15 － 64 ＝ 176（m）
　16 × 3.6 ＝ 57.6 ⇨ 時速57.6 km ← 時速に直します

公式のなりたち！

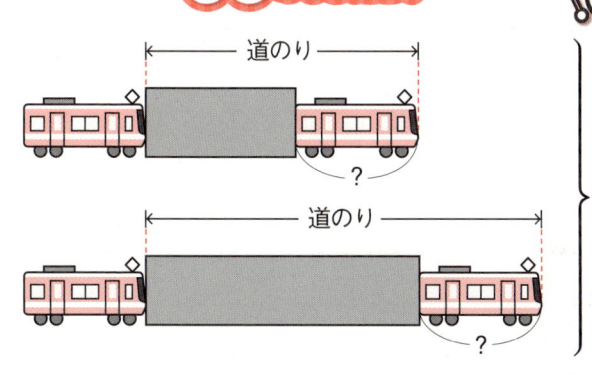

「2つの道のりの差」は「トンネルの長さの差」になります。この「トンネルの長さの差」の分だけかかる時間に差がつきます。つまり

> 列車の速さ＝トンネルの長さの差÷(かかった時間の差)

です。

次に，右の図の関係より，列車の長さは，下のように求められます。

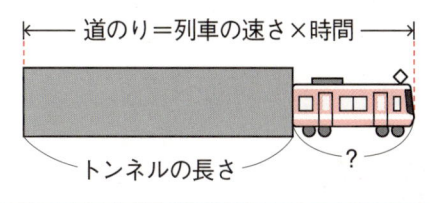

> 列車の長さ＝(列車の速さ)×(かかった時間)－トンネルの長さ

速さ

速さ 44 音の聞こえる間かく

$$\text{音を鳴らす間かく} - \frac{\text{音源の移動きょり}}{\text{音の速さ}}$$

例題

時速90kmで走っている電車が、駅の手前680mのところで警笛を鳴らしました。さらに6.8秒走ったところでもう一度鳴らしました。このとき、駅にいる人には2度の警笛が何秒の間かくで聞こえますか。音の伝わる速さは毎秒340mとします。

(三輪田学園中)

使い方ナビ

音源は、電車です。音源の移動きょりは、

電車の速さ×鳴らす間かく

で計算します。時速÷3.6＝秒速 をつくって単位を直しておくと計算しやすくなります。

解答

電車の速さ　90 ÷ 3.6 = 25 ⇨ 秒速25m

音源の移動きょり　25 × 6.8 = 170(m)

聞こえる間かく　$6.8 - \frac{170}{340} = 6.8 - 0.5$
　　　　　　　　　　　　　　$= 6.3(秒)$

公式のなりたち！

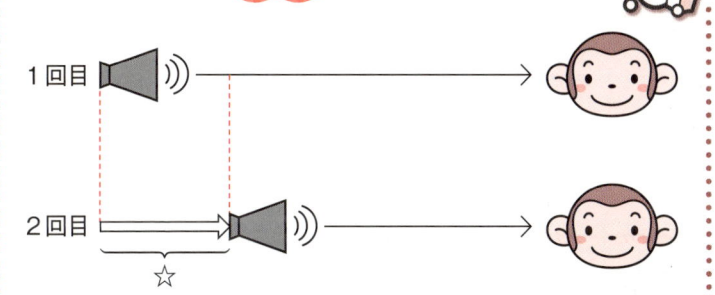

1回目

2回目
☆

☆のきょりを音が伝わる時間の分だけ，聞こえる間かくは短くなります。つまり，

$$\frac{音源の移動きょり}{音速}$$

の分だけ短くなります。
　聞こえる間かくは，

$$音を鳴らす間かく - \frac{音源の移動きょり}{音速}$$

です。

速さ 45 途中で速さをかえる

表にまとめて比の式にする

例題

A町から36kmはなれたB町へ行きました。途中のC町までは時速4kmで，C町からB町までは速さを2.5倍にしたところ，全部で6時間かかりました。C町はA町から何kmはなれていますか。

使い方ナビ これは「もしA〜Cが○○kmだったら」といってさぐる方法です。つるかめ算の一番基本的な解き方ですが，面積図が苦手な人にはおすすめ！

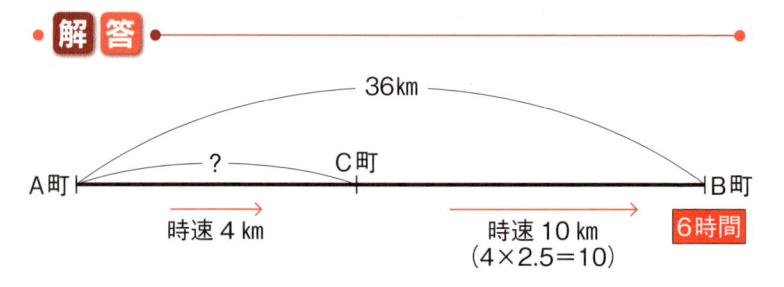

解答

```
            36km
      ?       C町
A町├─────────┼──────────────┤B町
   → 時速4km    → 時速10km    6時間
                 (4×2.5=10)
```

78 | 第3章

必ず0にします。　　　　　　　　　　全体の道のり

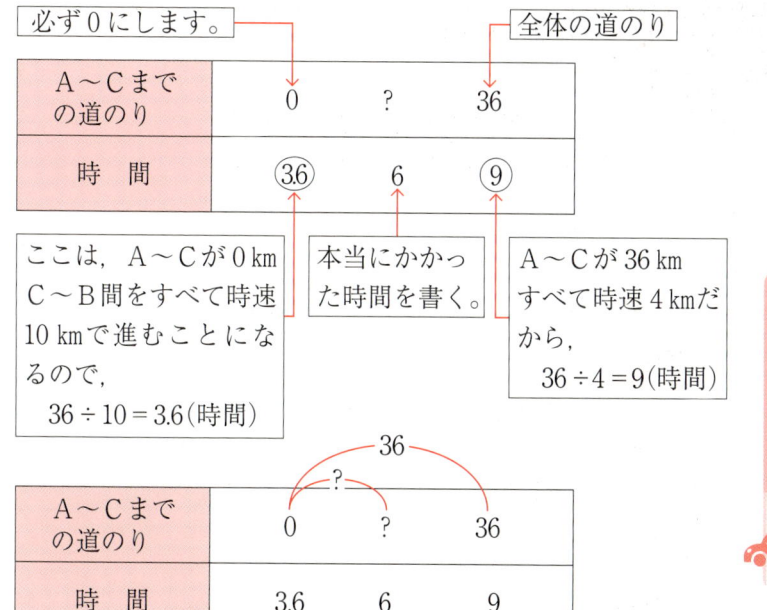

A～Cまでの道のり	0	?	36
時　間	㊂.6	6	⑨

ここは，A～Cが0 km　C～B間をすべて時速10 kmで進むことになるので，
　36÷10＝3.6(時間)

本当にかかった時間を書く。

A～Cが36 kmすべて時速4 kmだから，
　36÷4＝9(時間)

A～Cまでの道のり	0	?	36
時　間	3.6	6	9

差2.4
差5.4

時間差と道のりの差を比の式にして，
　36：? ＝ 5.4：2.4　　　　　　5.4：2.4 ＝ 54^9：24^4
　36：? ＝ 9：4
　　? ＝ 4×36÷9 ＝ 16(km)

速さ

速さ 46 流水算(1)

**静水時の船の速さ
＝（上り＋下り）÷2
川の流れの速さ
＝（下り－上り）÷2**

例題

ある川を船が126km上るのに4時間30分かかり，同じ所を下るのに3時間30分かかりました。次の問いに答えなさい。
(帝京八王子中)
(1) この船の上りの速さは毎時何kmですか。
(2) この川の流れの速さは毎時何kmですか。
(3) この船の静水時の速さは毎時何kmですか。

使い方ナビ 道のりと時間がはっきりしているので，上りと下りの速さを求めてから公式を使います。

解答

(1) 上り　$126 \div 4\frac{30}{60} = 126 \times \frac{2}{9} = 28$ ⇨ 毎時28km

　　下り　$126 \div 3\frac{30}{60} = 126 \times \frac{2}{7} = 36$ ⇨ 毎時36km

(2) 川＝（下り－上り）÷2＝（36－28）÷2＝4 ⇨ 毎時4km

(3) 船＝（上り＋下り）÷2＝（28＋36）÷2＝32 ⇨ 毎時32km

公式のなりたち！

- 上るときは，川の流れの分だけ遅くなります。
- また，下るときは，川の流れの分だけ速くなります。

$$\begin{cases} 上りの速さ＝船の速さ－川の流れの速さ \\ 下りの速さ＝船の速さ＋川の流れの速さ \end{cases}$$

⓪上り＋⓪下り＝船の速さ の2倍
なので，

船の速さ ＝ （上り＋下り）÷2

⓪下り－⓪上り＝川の流れの速さ の2倍
になるので，

川の流れの速さ ＝ （下り－上り）÷2

となります。

速さ

速さ 47 流水算(2)

道のり＝(上りと下りの平均の速さ)×(往復の時間の半分)

$$\text{平均の速さ}＝\frac{上り×下り}{上り＋下り}×2$$

(60ページ「往復の平均の速さ」と同じ)

例題

流れの速さが毎秒3mの川があります。流れのないところで毎秒5mの速さで進む船が，川下のA地点を出発し，川上のB地点まで行き，すぐにA地点にもどります。出発してからもどるまでに3分20秒かかりました。A地点とB地点のきょりを求めなさい。　　　　(早稲田実業中)

使い方ナビ

上り＝船－川，下り＝船＋川 でそれぞれの速さを求めてから，平均の速さ→道のり の順で計算します。

解答

上り＝5－3＝2 ⇨ 毎秒2m，
下り＝5＋3＝8 ⇨ 毎秒8m

平均の速さ＝$\frac{2×8}{2＋8}×2＝3.2$ ⇨ 毎秒3.2m

AB間のきょり＝3.2×(3分20秒の半分)
　　　　　　＝3.2×100＝320(m)

速さ 48 流水算 (3)

静水時の船の速さ：川の流れの速さ ＝往復の時間：上り下りの時間差

例題

川の上流にあるA町とその下流にあるB町を行き来する船があります。A町からB町までにかかる時間とB町からA町までにかかる時間の比は2：5です。静水時の船の速さと川の流れの速さの比を求めなさい。ただし、川の流れの速さは一定であるものとします。
(海城中・改)

解答

船：川 ＝ (2 ＋ 5) : (5 － 2) ＝ 7 : 3

公式のなりたち！

時間の逆比が速さの比なので、

上りの速さ：下りの速さ ＝ $\frac{1}{5} : \frac{1}{2}$ ＝ 2 : 5

船の速さ ＝ (2 ＋ 5) ÷ 2 ＝ 3.5
川の速さ ＝ (5 － 2) ÷ 2 ＝ 1.5

> どちらも「÷2」なので、比にするときは不要。

だから、(2 ＋ 5) : (5 － 2)

食塩水

濃度

▷ 濃 度

$$\text{食塩水の濃度}(\%) = \frac{\text{とけている食塩}(g)}{\text{食塩水の重さ}(g)} \times 100$$

で計算します。
とけている食塩の重さを求めるときは

$$\text{食塩}(g) = \text{食塩水}(g) \times \text{濃度} \quad \left(\bigcirc\% \text{を} \frac{\bigcirc}{100} \text{に直す}\right)$$

を使います。

▷ てんびん図

食塩水の問題を解くときに，てんびん図は強力な武器です。てんびん図そのものが，一発公式になるので覚えてください。

例 3％の食塩水 200g と 9％の食塩水 100g を混ぜると，5％の食塩水 300g ができます。これをてんびん図で表すと，次の図のようになります。

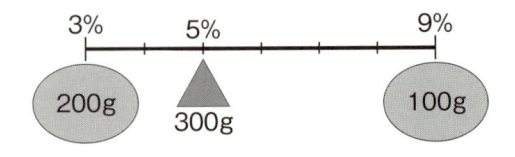

この図の性質は，次のようになります。

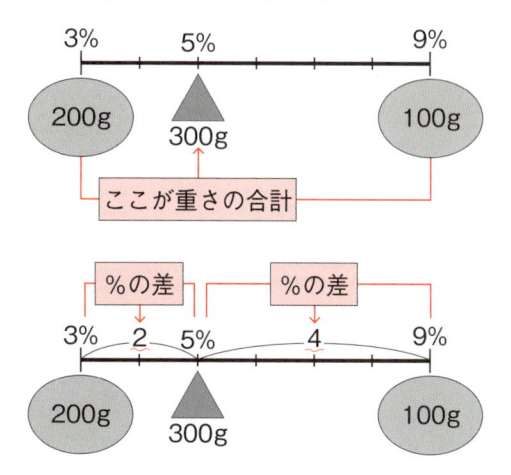

ここでは，
$$\underline{2} \times 200(\text{g}) = \underline{4} \times 100(\text{g})$$
という，本当にてんびんがつり合う公式がなりたっています。

問題を解くときは「逆比」という考え方で，下の図のようなイメージをつくることが多いです。

つまり，てんびんの腕の長さの比がA：Bのとき，おもりの重さの比は，

$$\frac{1}{A} : \frac{1}{B} \quad (B : A)$$

となることを使います。

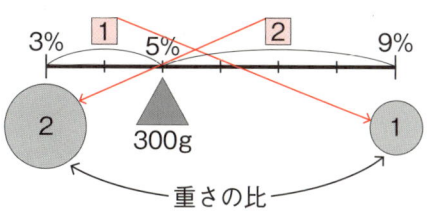

濃　度

濃度 49 混ぜると何％か（重さ）

重さの逆比 に分ける。

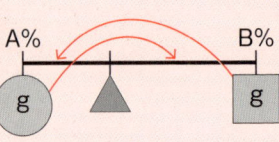

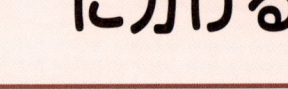

例題

7％の食塩水600gと10％の食塩300gを混ぜ合わせると何％の食塩水になりますか。 （太成学院大中）

使い方ナビ 600gと300gの逆比をつくります。

解答

てんびん図に表すと、下のようになります。

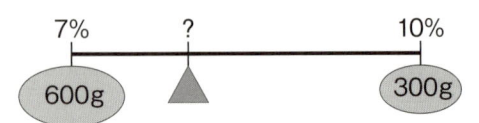

```
   7%        ?         10%
    ●────────▲────────●
  600g                300g
```

600：300 ＝ 2：1 なので、逆比にして、

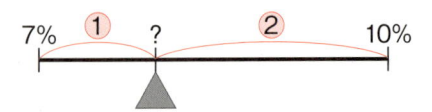

```
   7%  ①    ?     ②    10%
    ●────────▲────────●
```

7～10まで、3％の差があり、それを1：2に分けるので、

$3 \times \dfrac{1}{1+2} = 1$, $7 + 1 = \underline{8(\%)}$

濃度 50 混ぜると何%か（比）

重さの比を逆比にする。

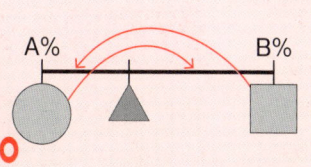

例題

3%の食塩水と7%の食塩水を，重さの比3：5で混ぜてできる食塩水の濃度は何%ですか。 （明大附中野中）

使い方ナビ

食塩水の重さがわからなくても，混ぜる比がわかっていれば，それを逆比にして計算できます。

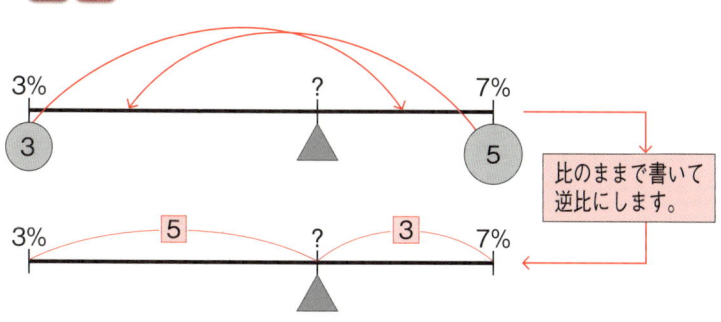

解答

比のままで書いて逆比にします。

3〜7まで4%の差があり，それを5：3に分けるので，

$$4 \times \frac{5}{5+3} = 2.5,\ 3 + 2.5 = \underline{5.5(\%)}$$

濃度 87

濃度 51 — 水を何g混ぜたか

濃度差の逆比から重さを計算。

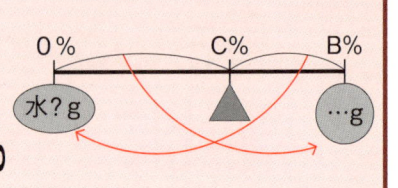

例題

12%の食塩水が300gあります。これに水を □ g加えると9%の食塩水になります。

使い方ナビ 水は，濃度が 0% だと考えます。

解答

まず，わかっていることと，求めたいものを図1のようにかきます。

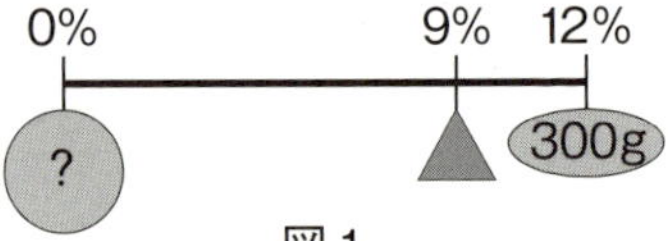

図1

次に，濃度差の逆比を使って，「？」を求めます（図2）。

? : 300 = 1 : 3
? = 100 (g)

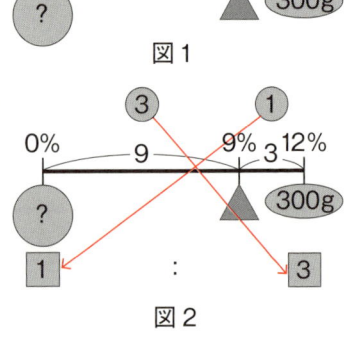

図2

濃度 52 水を何g蒸発させたか

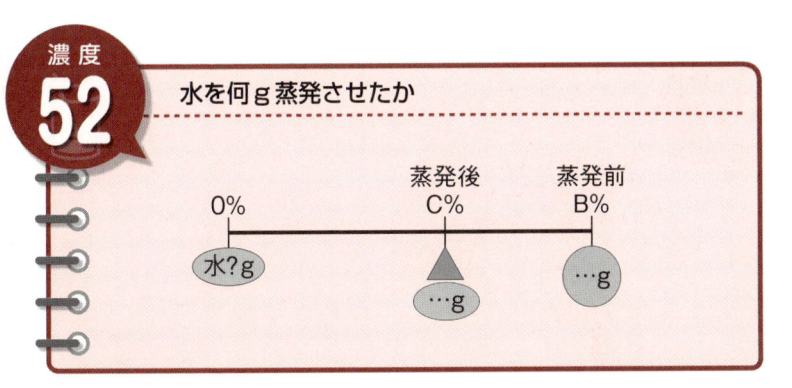

蒸発後 C%　蒸発前 B%
0%
水?g　…g　…g

例題

5%の食塩水600gを熱して□gの水を蒸発させると，濃さが6%になります。
（世田谷学園中）

使い方ナビ

5%・600gから水を蒸発(↗) ⇨ 6% を逆にして，
6%に水を加えて(↘) ⇨ 5%・600gと考えます。

解答

まず，わかっていることと，求めたいものをかきます。

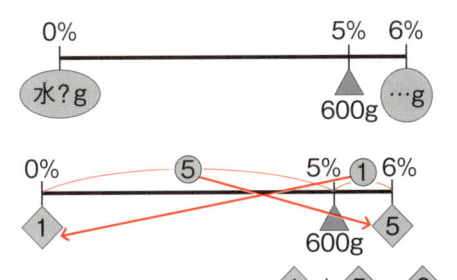

0%　　　　　　　　　5%　6%
水?g　　　　　　　　▲　…g
　　　　　　　　　　600g

濃度差の逆比を使って，水：6%の食塩水の重さの比は，

①：⑤

この合計が600gだから，

⑥＝600g，①＝100g

濃度 53 食塩を何g加えたか

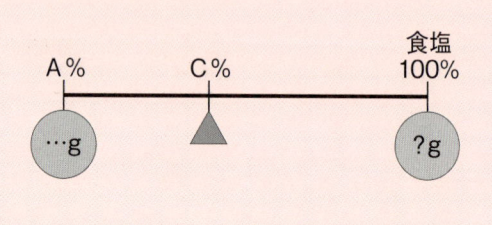

```
        A%           C%              食塩
                                    100%
         ├───────────┼────────────────┤
        (…g)         △              (?g)
```

例題

6％の食塩水が600gあります。12％の食塩水をつくるには、これに何gの食塩を加えればよいですか。小数第1位を四捨五入して、求めなさい。

(鷗友学園女子中)

使い方ナビ 食塩は100％の食塩水だと考えます。

```
  6% 12%                              100%
   ├─△──────────────────────────────────┤
 (600g)                                (?g)
```

解答

濃度差の逆比を使って、下の図より、

6％の食塩水の重さ：食塩の重さ＝ 44：3

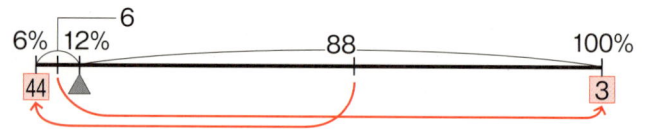

```
         ┌── 6 ──┐
  6% 12%          88              100%
   ├──┼───────────┼────────────────┤
  [44] △                          [3]
```

$600 : ? = 44 : 3$

$? = \dfrac{\overset{150}{600} \times 3}{\underset{11}{44}} = 450 \div 11 = 40.9\cdots \Rightarrow \underline{41g}$

濃度 54 食塩水を何g混ぜたか

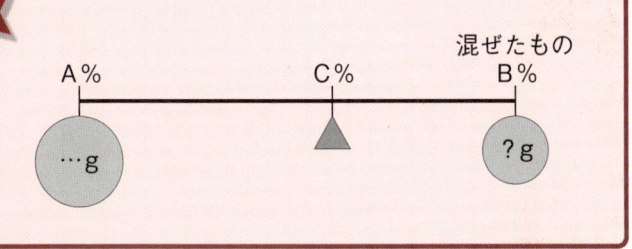

例題

6%の食塩水400gに14%の食塩水を何g加えると12%の食塩水になりますか。 (聖徳学園中)

解答

まず，わかっていることと求めたいものをかきます。

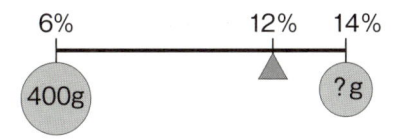

濃度差の逆比を使って

6%の食塩水：14%の食塩水 = 1：3

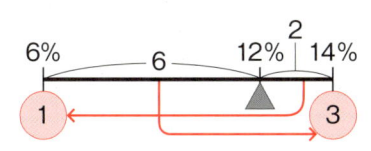

$400 : ? = 1 : 3$

$? = \dfrac{400 \times 3}{1} = \underline{1200}$(g)

濃度 55 何gずつ混ぜたか

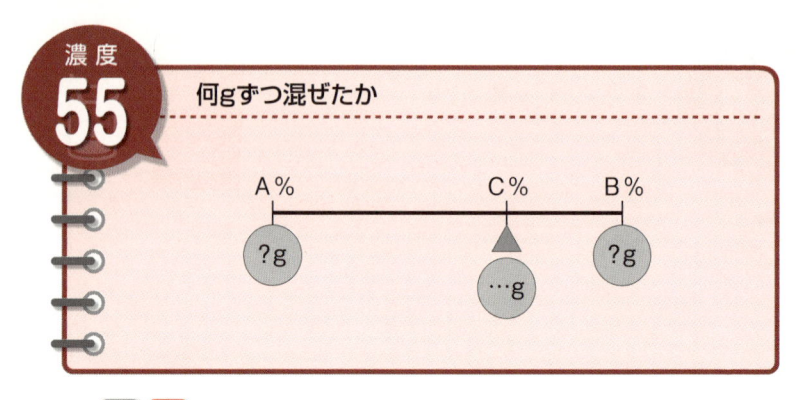

例題

3%の食塩水Aと，8%の食塩水Bを混ぜて，4.8%の食塩水を500gつくるには，食塩水Aは □ g必要です。

（大妻中）

解答

まず，わかっていることと求めたいものをかきます。

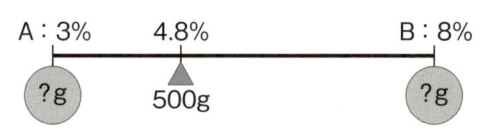

濃度差の逆比を使って，

3%の食塩水：8%の食塩水 = ⑯ : ⑨

合計の㉕が500gにあたるから，

㉕ = 500g
① = 500g ÷ 25
  = 20 (g)

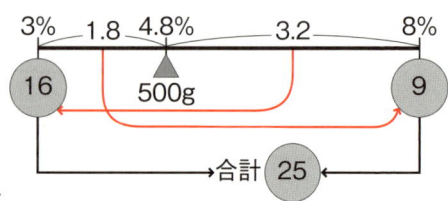

食塩水Aは，⑯なので，

20 × 16 = 320 (g)

濃度 56 水に入れかえる

まよわせる表現

「食塩水をくみ出して同じ量の水を入れました。」
= (イコール)
「残りの食塩水と水を混ぜる」

例題

容器Aには15%の食塩水が入っており、そこから200gをくみ出して、かわりに同じ量の水を入れました。その結果、食塩水の濃度は12%になりました。容器Aには何gの食塩水が入っていましたか。

使い方ナビ 15%の食塩水？gと水200gで12%の食塩水。

解答

「12%が何gできたか」が求める量です。

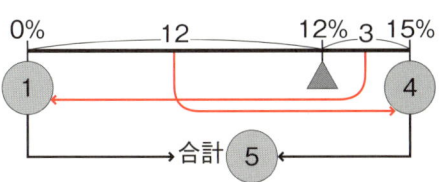

水：(くみ出した後の重さ)
＝①：④
(合計⑤ これが12%の量)

だから、
200：？ ＝ 1：5
　　？ ＝ 200 × 5
　　　 ＝ 1000(g)

濃度 | 93

濃度 57 食塩水を移す

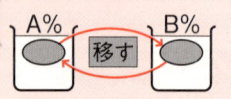

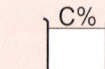

A%　移す　B%　→　C%　D%

同じ量の食塩水が用意されていて
同じ量を入れかえても，濃度の合計は同じ。

A＋B＝C＋D

例題

容器Aには3%の食塩水が600g，容器Bには8%の食塩水が600g入っている。容器A，Bから同じ量を取り出して，それぞれもう一方の容器に入れてよくかき混ぜる。容器Aの濃度が4.5%になったとき，容器Bの濃度は何%になっていますか。

使い方ナビ

必ず，2つの容器に入っていた量は同じ。
移しかえる量も同じでないと，この公式は使えません。

解答

3 ＋ 8 ＝ 4.5 ＋ □
□ ＝ 11 − 4.5 ＝ 6.5(%)

濃度 58 同じ量を混ぜるとき

A%と B%を同じ量 混ぜるとき，
ちょうどまん中（平均）の濃度になる。

$$\frac{A+B}{2}\%$$

例題

容器Aには3％の食塩水が600g，容器Bには8％の食塩水が400g入っている。容器Aから400gを取り出して容器Bに入れてよくかき混ぜる。その後，容器Bから200g取り出して容器Aに入れてよくかき混ぜました。それぞれの容器の濃度はどうなりましたか。

解答

　　　　　　同じ量
Aから 400g ＋ Bの 400g ⇨ Bは800gになって，
　　（3％）　　　（8％）　　濃度は3と8の平均

容器Bの食塩水の濃度は，$\dfrac{3+8}{2}=$ 5.5（％）

　　　　　　同じ量
Bから 200g ＋ Aの 200g ⇨ Aは400gになって，
　　（5.5％）　　（3％）　　濃度は3と5.5の平均

容器Aの食塩水の濃度は，$\dfrac{3+5.5}{2}=$ 4.25（％）

基本事項 — 平均と割合

平　均

平均は合計 ÷ 人数（回数）で計算します。

▷ 平 均

「クラス40人の平均点は60点であった。」
という言い方をしますが，これを
　「本当はちがうけど，40人全員が60点をとった。」
と考えられるようになれば，問題が解きやすくなります。
さらに
　「40人の合計点は，60 × 40 = 2400（点）」
ということを，つねに意識しましょう。文章題では合計点が解く鍵になることが多いからです。そこで

平均×人数（回数）＝合計

という公式をすぐにだせるようにしておきましょう。

▶ 平均のてんびん図

てんびん図は食塩水の濃度の単元でもでてきましたが，平均でもてんびん図は活やくします。

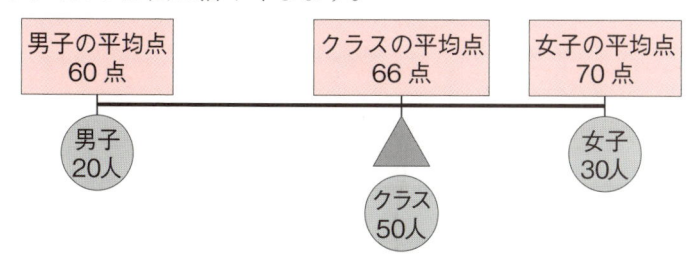

```
男子の平均点        クラスの平均点        女子の平均点
  60点              66点                70点
   │                 │                   │
  男子              ▲                  女子
  20人                                   30人
                  クラス
                   50人
```

という形が基本です。このとき，▲の左右で

　　点数の差×人数は

同じになります。

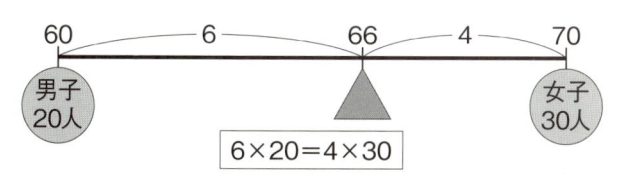

```
60 ─── 6 ─── 66 ─── 4 ─── 70
│               ▲              │
男子                           女子
20人                          30人
         6×20＝4×30
```

問題を解くときは，

　　点数の差の逆比＝人数の比

という性質を利用します。

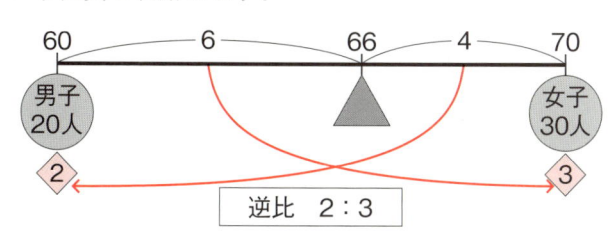

```
60 ─── 6 ─── 66 ─── 4 ─── 70
│               ▲              │
男子                           女子
20人                          30人
 ◇2                            ◇3
         逆比　2：3
```

59 2人ずつの平均から全員の平均を求める

$$全員の合計 = \frac{(2人ずつの平均の合計) \times 2}{人数 - 1}$$

$$全員の平均 = \frac{合計}{人数}$$

例題

4人の算数のテストについて、2人ずつの平均をとると、54点、63点、65点、70点、72点、81点でした。4人の平均点は何点ですか。

解答

$$4人の合計 = \frac{(54 + 63 + 65 + 70 + 72 + 81) \times 2}{4 - 1}$$

$$= \frac{405 \times 2}{3} = 270(点)$$

$$平均 = \frac{270}{4} = \underline{67.5(点)}$$

参考 4人の場合は、

$$\begin{cases} 下位の2人の平均が54点 \\ 上位の2人の平均が81点 \end{cases}$$

だとわかるので、$\frac{54 + 81}{2} = 67.5(点)$

としてもよいのですが、人数が3人や5人のときには、公式の方法がベストです。

公式のなりたち！

・**3人のとき**：3人の点数が，それぞれA点，B点，C点のとき，2人ずつの平均は，

$$\frac{A+B}{2}点, \quad \frac{B+C}{2}点, \quad \frac{C+A}{2}点$$

の3通りです。これをすべてたして2倍すると，

　　AA＋BB＋CC（点）

それぞれが2（＝3人－1）回ずつでてくるので，これを2でわると，

　　合計点　A＋B＋C（点）

がでます。

・**4人のとき**：4人の点数がそれぞれA点，B点，C点，D点のとき，2人ずつの平均は，

$$\frac{A+B}{2}点, \quad \frac{A+C}{2}点, \quad \frac{A+D}{2}点,$$

$$\frac{B+C}{2}点, \quad \frac{B+D}{2}点, \quad \frac{C+D}{2}点$$

の6通りです。すべてたして2倍すると，

　　AAA＋BBB＋CCC＋DDD（点）

それぞれが3（＝4人－1）回ずつでてくるのでこれを3でわると，

　　合計点　A＋B＋C＋D（点）

がでます。

注意　ここでは，AAなどはAが2回でてくることを，AAAなどはAが3回でてくることを表しています。

平均と割合

60 N回目の点数を求める

平均と割合

N回の合計点 − (N−1回目までの合計点)

例題

A君は8回テストを受けました。7回目までの平均点が72点，8回目までの平均点が75点のとき，8回目のテストの点数は □ 点です。 （大妻中野中）

使い方ナビ 平均×回数で合計点を計算します。

解答

$75(点) \times 8(回) - 72(点) \times 7(回)$
$= 600 - 504$
$= \underline{96}(点)$

61 平均と割合 — 平均点から何回目かを求める

回数の比＝点数の差の逆比

てんびん図

```
N-1回目         N回の         N回目の
までの平均点     平均点         得点
    ●-----------▲-----------●
   N-1回        N回          1回
```

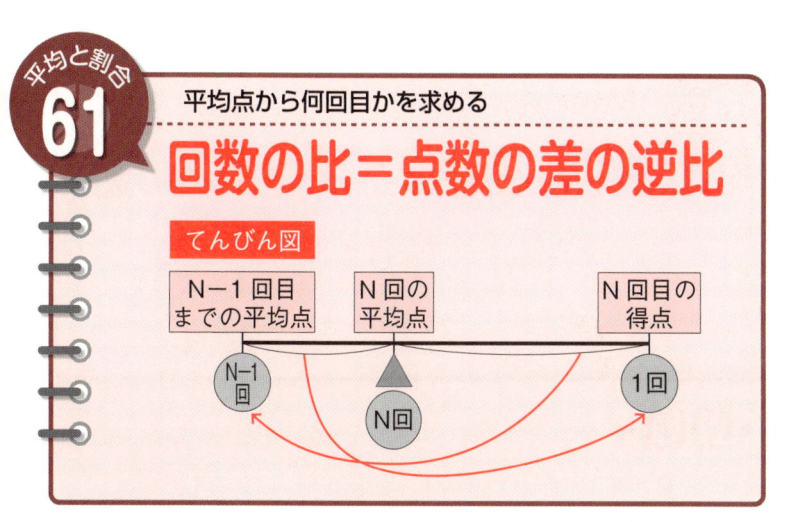

例題

Aさんが受けたテストの前回までの平均点は79点でした。今回のテストで95点とったので、平均点が81点になりました。今回のテストは何回目でしたか。（鴎友学園女子中）

解答

下のてんびん図で、

(N-1) : 1 = 7 : 1

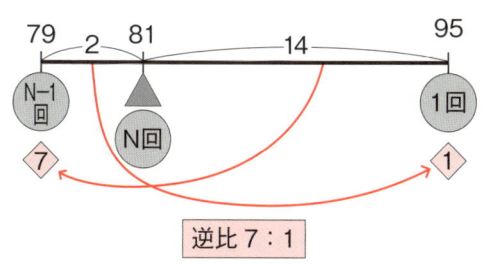

```
  79      2  81        14              95
   ●----------▲---------------------●
  N-1回       N回                    1回
   ⑦                                 ①
```

逆比 7 : 1

これまで7回受けたので、今回は <u>8回目</u>

62 平均点と男女の人数 (1)

男女の人数比＝クラス平均との差の逆比

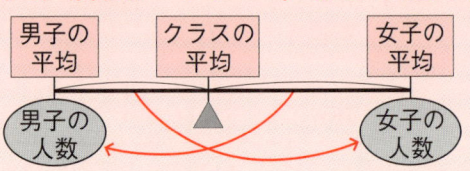

```
男子の平均 ── クラスの平均 ── 女子の平均
   │              ▲              │
 男子の人数 ←──────────────→ 女子の人数
```

例題

算数のテストをしました。男子の平均点は 62.45 点，女子の平均点は 64.25 点，クラス全体の平均点は 63.25 点です。男子の人数が 20 人のとき，クラスの人数を求めなさい。
(立教女学院中)

解答

てんびん図に表すと，下の図のようになります。

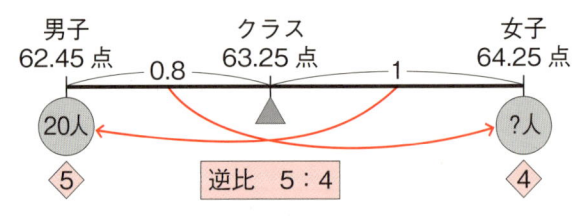

```
   男子              クラス              女子
 62.45点    0.8    63.25点    1      64.25点
   │                 ▲                  │
 (20人)  ←──────────────────→        (?人)
   ⑤            逆比 5：4               ④
```

$20 (人) : ? = 5 : 4$

$? = 16$ 人

$20 + 16 = \underline{36 (人)}$

63 平均点と男女の人数 (2)

```
男子の平均 ――――― クラスの平均 ――――― 女子の平均
男子の人数 ←――――     △     ――――→ 女子の人数
```

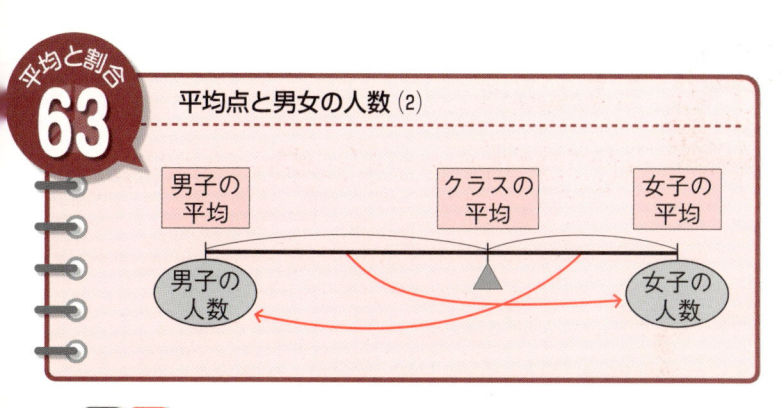

例題

40人がテストを受けたところ，男子だけの平均点は全体の平均点より1.1点低く，女子だけの平均点は全体の平均点より0.9点高かった。このとき，男子は□人である。

(灘中)

使い方ナビ
実際の平均点がわからなくても，クラス平均との差がわかっていれば，男女の人数比が計算できます。

解答

40人を9：11に分けた9のほうが男子だから，

$$40 \times \frac{9}{9+11} = \underline{18}(人)$$

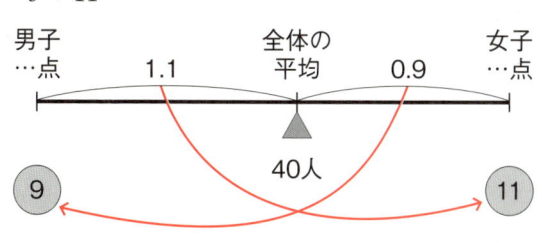

```
男子…点 ―1.1― 全体の平均 ―0.9― 女子…点
              △
             40人
   ⑨ ←――――――――――――――→ ⑪
```

平均と割合

基本事項

割　合

▷ 百分率

分数 $\frac{1}{100}$ を記号にしたものが％です。つまり「分数にして"0"2つ」という意味です。

例えば,「水泳を習っている人は40％」といわれたら,

「100人中40人が水泳やっているんだ。」

「$\frac{40}{100}$ だから $\frac{2}{5}$ といってもいいな。」

ということがピンとこなくてはいけません。

▷ よく使う公式は2つ

(ア)　60人の30％　⇨　$60 \times \frac{30}{100} = 18$（人）

(イ)　□人の $\frac{2}{5}$ が80人　⇨　□ $= 80 \div \frac{2}{5} = 200$（人）

特に(イ)は，$\left(\frac{2}{5}\right)$ にあたる数が80人なので，

①$= 80 \div \frac{2}{5} = 200$（人）

という流れになることが多いです。

▷ まちがいやすい表現

$$「300円の20\%」= 300 \times \frac{20}{100} = 60(円)$$

この1が大切

$$「300円の20\%びき」= 300 \times \left(1 - \frac{20}{100}\right)$$
$$= 300 \times \frac{80}{100} = 240(円)$$

これは
「300円から300円の20%である60円をひく」
　$(300 - 60 = 240(円))$
という意味です。この計算

$$\times \left(1 - \frac{20}{100}\right)$$

はすぐできるようになりましょう。

$$「300円の20\%増」= 300 \times \left(1 + \frac{20}{100}\right) = 300 \times \frac{120}{100} = 360(円)$$

以上，3つの区別をしっかりしておきましょう。

▷ 売買用語

・「仕入れの値」，「原価」

　この2つは同じ意味で，元の値段。

・「★%の利益を見込んでつけた定価」

　これは売るときの値段で，

$$仕入れ値 \times \left(1 + \frac{★}{100}\right)$$

で計算できます。

平均と割合

▷ 売買の値段の流れは

仕入れ値　1000 円

30%の利益を見込んだ。
$$1000 \times \left(1 + \frac{30}{100}\right) \text{ または } 1000 \times 1.3$$

定価　1300 円

20%の値びき
$$1300 \times \left(1 - \frac{20}{100}\right) \text{ または } 1300 \times 0.8$$

売り値　1040 円

売値 − 仕入れ値

利益　1040 − 1000 = 40(円)

これがマイナスのときは損失という。

64 利益や損失から仕入れ値を求める

$$利益(円) \div \left(定価の割合 \times 値引きの割合 - 1 \right)$$

$$損失(円) \div \left(1 - 定価の割合 \times 値引きの割合 \right)$$

例題

ある品物に仕入れ値の3割の利益を見込んで定価をつけましたが、売れないので、定価の15％びきで売ったところ、1890円の利益がありました。この品物の仕入れ値はいくらですか。　　　　　　　　　　　　（桜美林中）

使い方ナビ　定価の割合は、3割の利益を見込んだので、
1 + 0.3 = 1.3
値びきの割合は、15％びきなので、
1 − 0.15 = 0.85

解答

1890 ÷ (1.3 × 0.85 − 1) = 1890 ÷ (1.105 − 1)
　　　　　　　　　　　 = 1890 ÷ 0.105
　　　　　　　　　　　 = <u>18000(円)</u>

65 入学者の増減

てんびん図

```
男子の増加     全体の増加   女子の増加
割合(%)        割合(%)      割合(%)
   └─────────────△─────────────┘
昨年の                         昨年の
男子(人)      (逆比)          女子(人)
```

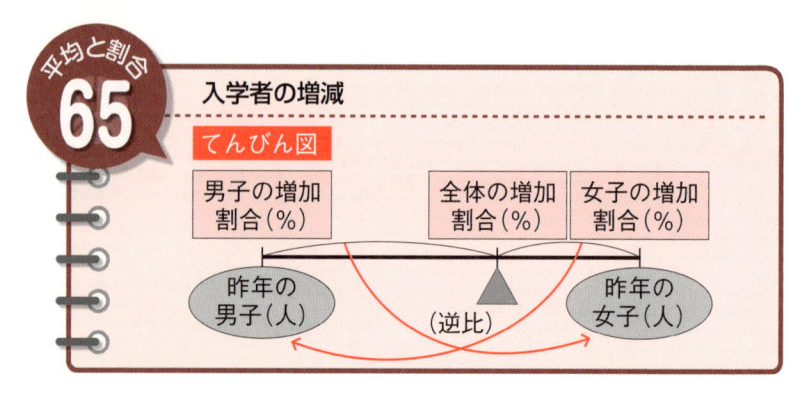

例題

A中学校の昨年の入学者数は300人でしたが、今年は男子が2.5%減って、女子が5%増えたため、今年の入学者数は306人になりました。今年の男女の入学者数はそれぞれ何人ですか。

使い方ナビ てんびん図に使う情報を整理しておきます。

解答

	男子	女子	全体
昨年	…人	…人	300人
	↓ −2.5%	↓ +5%	↓ ☐
今年	?人	?人	306人

☐ は計算しておきます。

こちらが求めるもの

減っているのでマイナス

上の表の ☐ は、$\frac{6}{300} = 0.02 = \boxed{2}$ (%)

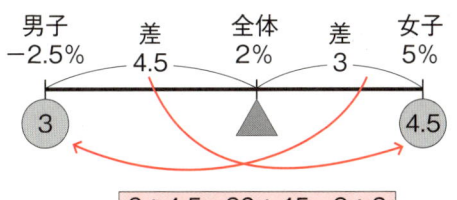

```
男子       差    全体   差    女子
-2.5%     4.5    2%    3    5%
  ③                         ④.5
```

$3:4.5 = 30:45 = 2:3$

　昨年の男子と女子の人数の比は，
　　男子：女子 ＝ 2：3
です。300人を2：3に分けて，

$$\begin{cases} 昨年の男子 = 300 \times \dfrac{2}{2+3} = 120(人) \\ 昨年の女子 = 300 \times \dfrac{3}{2+3} = 180(人) \end{cases}$$

だから，

$$\begin{cases} 今年の男子 = (120人の2.5\%減) \\ \qquad\qquad = 120 \times \left(1 - \dfrac{2.5}{100}\right) = \underline{117(人)} \\ 今年の女子 = (180人の5\%増) \\ \qquad\qquad = 180 \times \left(1 + \dfrac{5}{100}\right) = \underline{189(人)} \end{cases}$$

注意　差を計算するとき，％の増減に注意！

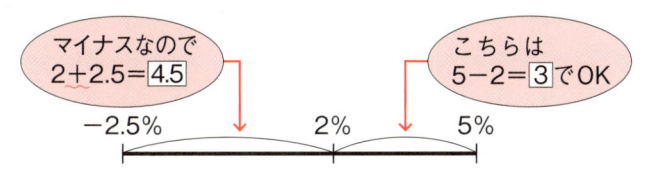

> マイナスなので
> 2＋2.5＝ 4.5

> こちらは
> 5－2＝ 3 でOK

```
 -2.5%      2%    5%
```

平均と割合

66 ぬれた部分の割合から水深を求める (1)

水深＝棒の長さの差 ÷ ぬれた部分の逆数の差

ぬれた部分が棒の $\frac{△}{○}$ となっているとき，
その逆数は $\frac{○}{△}$（分子と分母を入れかえる）

例題

右の図のように底が平らなプールに2本の棒をまっすぐに立てたところ，長い棒は $\frac{3}{4}$，短い棒は $\frac{4}{5}$ が水にぬれました。2本の棒の長さは12cm違います。このプールの深さは何cmですか。ただし，棒の太さは考えないものとします。　　　　（日大二中）

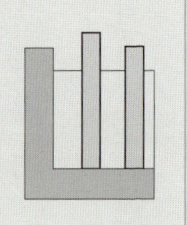

使い方ナビ

ぬれた部分が $\frac{3}{4}$，$\frac{4}{5}$ なので，それぞれの逆数の差は，$\frac{4}{3} - \frac{5}{4}$ です。「ぬれた部分が70％」というように％を使って出題されている場合は，%を分数に直して $70\% = \frac{7}{10}$ → 逆数は $\frac{10}{7}$ というように使います。

解答

$\frac{3}{4}$ の逆数 $= \frac{4}{3}$，$\frac{4}{5}$ の逆数 $= \frac{5}{4}$ なので

$12 \div \left(\frac{4}{3} - \frac{5}{4} \right) = 12 \div \frac{1}{12} = \underline{144\,(\text{cm})}$

公式のなりたち！

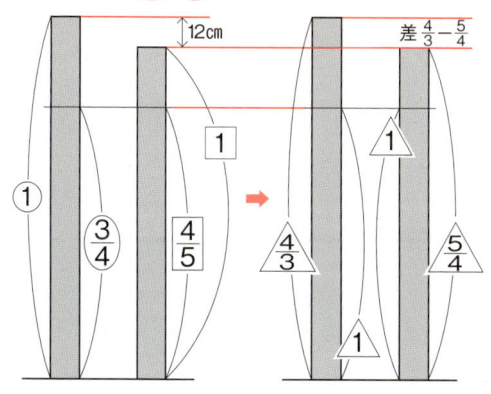

③/④ と ④/⑤ は基準にするものがちがうので，そのままでは比べられません。そこで，水深を①にすると，

長いほうは，$1 \div \dfrac{3}{4} = \dfrac{4}{3}$，短いほうは，$1 \div \dfrac{4}{5} = \dfrac{5}{4}$

それぞれ逆数になります。

差の 12cm は，

$$\dfrac{4}{3} - \dfrac{5}{4} = \dfrac{1}{12}$$

にあたります。水深①を求めるので，

$$12 \div \dfrac{1}{12}$$

つまり，

棒の長さの差÷ぬれた部分の逆数の差

です。

67 ぬれた部分の割合から水深を求める (2)

水深＝棒の長さの和 ÷ (ぬれた部分の逆数の和)

例題

A，B，C 3本の棒があります。この3本の棒の長さの和は334cmです。庭の池に図のように3本の棒をまっすぐに立てたら，水面に出ている棒の長さは，Aはその長さの $\frac{3}{4}$，Bは $\frac{4}{7}$，Cは $\frac{2}{5}$ でした。

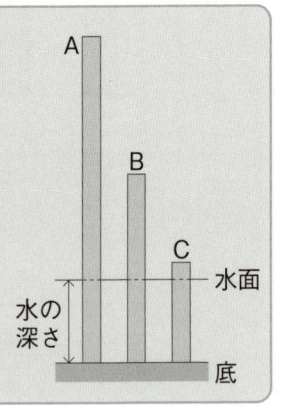

このとき，池の深さは何cmですか。 （徳島大附中）

使い方ナビ

ぬれた部分は，次のようになります。

Aは $1-\frac{3}{4}=\frac{1}{4}$，Bは $1-\frac{4}{7}=\frac{3}{7}$，Cは $1-\frac{2}{5}=\frac{3}{5}$

解答

$$水深 = 344 \div \left(\frac{4}{1}+\frac{7}{3}+\frac{5}{3}\right)$$
$$= 344 \div \frac{24}{3} = 43 \text{(cm)}$$

68 本のページ数

$$\frac{残ったページ数}{(読んでない割合) \times (読んでない割合)}$$

例題

和子さんは☐ページある本を1日目には全体の$\frac{1}{3}$を読み，2日目にはその残りの$\frac{2}{5}$を読み，3日目は72ページを読んで，読み終えました。　　（東洋英和女学院中）

使い方ナビ

読んでない割合＝1－読んだ割合

です。また，

2日目に残ったページ＝3日目に読み終えたページ数

となっています。

解答

$72 \div \left\{ \left(1 - \frac{1}{3}\right) \times \left(1 - \frac{2}{5}\right) \right\}$

$= 72 \div \left\{ \frac{2}{3} \times \frac{3}{5} \right\}$

$72 \times \frac{5}{2} = \underline{180}（ページ）$

69 歩く速さの比

平均と割合

速さ＝同じ時間に歩く歩数

$$\times \frac{1}{\text{同じ道のりを歩く歩数}}$$

例題

Aが4歩歩く間にBは5歩歩き，Aが6歩で歩く道のりをBは8歩で歩きます。このとき，AとBの歩く速さの比を最もかんたんな整数比で表しなさい。

使い方ナビ

同じ時間に歩く歩数は，
　Aが4歩，Bが5歩
同じ道のりを歩く歩数は，
　Aが6歩，Bが8歩
です。

解答

$$4 \times \frac{1}{6} : 5 \times \frac{1}{8} = \frac{2}{3} : \frac{5}{8}$$

$$= \frac{16}{24} : \frac{15}{24}$$

$$= \underline{16 : 15}$$

公式のなりたち！

「同じ時間」というのを 1 秒だとすると，
　　A は 1 秒に 4 歩
　　B は 1 秒に 5 歩
です。

「同じ道のり」というのを 1 m だとすると，
　　A の 1 歩は $\frac{1}{6}$ m
　　B の 1 歩は $\frac{1}{8}$ m
です。

A は 1 歩 $\frac{1}{6}$ m で 1 秒間に 4 歩分歩くので，1 秒間に $4 \times \frac{1}{6}$ (m) 進み，B は 1 歩 $\frac{1}{8}$ m で 1 秒間に 5 歩分歩くので，1 秒に $5 \times \frac{1}{8}$ (m) 進みます。

かってに 1 秒や 1 m と決めましたが，比にするときはこれで OK だから，

速さ＝同じ時間に歩く歩数 × $\frac{1}{\text{同じ道のりを歩く歩数}}$

です。

平均と割合

70 集合と割合

4×4マス表に、○, ×, 計をまとめる。

	B ○	B ×	計
A ○	両方○	Aだけ○	
A ×	Bだけ○	両方×	
計			1

割合なので必ず1

例題

さとる君が通っている学校の6年生全員に，AとBの2問の問題を出したところ，Aが正解だった人は全体の $\frac{9}{16}$，Bが正解だった人は全体の $\frac{13}{24}$，両方とも間ちがえた人は全体の $\frac{1}{6}$ であった。

AとBの両方が正解だった人が52人であったとき，この学校の6年生は 　　 人である。　　　　（早稲田佐賀中）

使い方ナビ

4×4マスを書き，わかっている割合を入れます。

解答

正解を○，間ちがいを×で表します。

①
	○	×	計
○			
×			
計			1

A（左側ラベル）

②
	○	×	計
○	52人		$\frac{9}{16}$
×		$\frac{1}{6}$	
計	$\frac{13}{24}$		1

ここの割合を求めることが目標

③
	○	×	計
○			$\frac{9}{16}$
×		$\frac{1}{6}$	$\frac{7}{16}$
計	$\frac{13}{24}$	$\frac{11}{24}$	1

$1 - \frac{13}{24}$　　$1 - \frac{9}{16}$

④
	○	×	計
○		$\frac{7}{24}$	$\frac{9}{16}$
×		$\frac{1}{6}$	$\frac{7}{16}$
計	$\frac{13}{24}$	$\frac{11}{24}$	1

$\frac{11}{24} - \frac{1}{6}$

⑤
	○	×	計
○		$\frac{7}{24}$	$\frac{9}{16}$
×		$\frac{1}{6}$	$\frac{7}{16}$
計	$\frac{13}{24}$	$\frac{11}{24}$	1

$\frac{9}{16} - \frac{7}{24} = \frac{13}{48}$

52人が $\frac{13}{48}$ にあたるので，全体の①は，

$52 \div \frac{13}{48} = \overset{4}{52} \times \frac{48}{\underset{1}{13}} = \underline{192}(人)$

平均と割合

特殊算 71 つるかめ算(1)

かめの数 =(足の合計の半分)−(つるとかめの数)

例題

つるとかめが合わせて24ひきいます。足の数は合わせて64本です。つるとかめの数はそれぞれいくつですか。

解答

かめの数 $= \dfrac{64}{2} - 24$

$= 8$(ひき)

つるの数 $= 24 - 8$

$= 16$(わ)

注意 この公式は，足が2本と4本のときしか使えません。

公式のなりたち！

もし，全部つるだったら足の合計は，
　　$24 \times 2 = 48(本)$
です。
　実際には64本なので，あと
　　$64 - 24 \times 2 = 16(本)$
たりません。
　つるがかめにチェンジすると，足は
　　$4 - 2 = 2(本)$
増えるので，16本増やすためには，
　　$16 \div 2 = 8(わ)$
をかめにチェンジしなければなりません。
　つまり，これがかめの数です。

　これまでの式をまとめてみると，
　　かめの数 $= (64 - 24 \times 2) \div 2$
　　　　　　 $= \dfrac{64}{2} - 24$
です。だから，

かめの数＝（足の合計の半分）－（つるとかめの数）

となります。

特殊算

特殊算 72 つるかめ算 (2)

安いものと高いものの2種類を合わせて〇個買って代金の合計が□円だったとき，

高いほうの個数＝
(□－安いほうの値段×〇)÷(値段の差)

例題

100円のえんぴつと150円のボールペンを合わせて20本買ったところ，代金は2600円でした。それぞれ何本買いましたか。　　　　　　　　　　　　（女子美大附中）

解答

ボールペンの本数＝(2600 － 100 × 20) ÷ (150 － 100)
　　　　　　　　＝ 600 ÷ 50
　　　　　　　　＝ 12(本)

えんぴつの本数は，
　20 － 12 ＝ 8(本)

参考　これは118ページの例題にも応用できます。

公式のなりたち！

全部えんぴつを買ったとすると，代金は，
　　$100 \times 20 = 2000$（円）
です。
　実際には 2600 円なので，あと
　　$2600 - 100 \times 20 = 600$（円）
たりません。
　えんぴつをボールペンにチェンジすると，代金は
　　$150 - 100 = 50$（円）
ずつ増えるので，600 円増やすためには，
　　$600 \div 50 = 12$（本）
をボールペンにチェンジしなければなりません。
　つまり，これがボールペンの本数です。

　ここまでの式をまとめてみると，
　　ボールペンの本数 $= (2600 - 100 \times 20) \div (150 - 100)$
です。だから，

ボールペンの本数＝（代金－安いほう×全本数）÷（値段の差）

となります。

特殊算

特殊算 73 つるかめ算 (3) ── マイナスパターン

OKなら得点，ダメなら減点のゲームを
○回行って総得点が□点だったとき，

$$\binom{\text{OK}}{\text{の数}} = \left(□ + \boxed{1回の減点} × ○\right) ÷ \left(\boxed{1回の得点} + \boxed{1回の減点}\right)$$

例題

まとに当たると10点得点し，はずれると4点失う射的(しゃてき)のゲームを行いました。50発打って374点になりました。何発まとに当たりましたか。　　　　　(明大中野中)

解答

当たりの数 = (374 + 4 × 50) ÷ (10 + 4)
　　　　　 = 574 ÷ 14
　　　　　 = 41(発)

公式のなりたち！

もし，全部ダメだったら
　－4 × 50 ＝ －200（点）
でも，実際は374点なので，その差は，
　（マイナスから＋になるので，たし算）
　374 ＋ 4 × 50 ＝ 574（点）
ダメがOKにかわると，得点は－4から10になるので，
14点アップする。 全部で574点アップさせるには，
　574 ÷ 14 ＝ 41（発）
がOKにかわらないといけない。
　つまり，これが当たりの回数。

　ここまでの式をまとめると，
　　当たりの数 ＝（374 ＋ 4 × 50）÷（10 ＋ 4）
です。だから，

> 当たりの数＝（得点＋1回の減点×回数）
> 　　　　　÷（1回の得点＋1回の減点）

となります。

特殊算

特殊算 74　3つのつるかめ算

3つのうち，個数の比がわかっている

2つを合体させて
ふつうのつるかめ算
に変身させる。　　　　　　　　　　[平均にする]

例題

30円と50円と80円の切手を合わせて30枚買うと，1780円になりました。このとき，80円の切手は□枚買いました。ただし，80円の切手の枚数は30円切手の枚数の2倍です。
（西大和学園）

使い方ナビ　問題文の

「80円切手の枚数は30円切手の枚数の2倍です。」
に注意して80円切手と30円切手を合体させます。

80円切手の枚数は30円切手の枚数の2倍なので，

(80円) (80円) (30円)

というパターンです。

切手1枚当たりの平均は，

$$\frac{80+80+30}{3} = \frac{190}{3} = 63\frac{1}{3}（円）$$

50円切手と$63\frac{1}{3}$円切手を合わせて30枚買ったら1780円でした。

と，問題を読みかえます。

解答

120ページの「つるかめ算(2)」の公式で，

$63\frac{1}{3}$ 円の切手の枚数 $= (1780 - 50 \times 30) \div \left(63\frac{1}{3} - 50\right)$

$= 280 \div 13\frac{1}{3}$

$= 280 \times \frac{3}{40}$

$= 21(枚)$

21枚を②：①に分けた②のほうが，80円切手の枚数なので，

$21 \times \frac{2}{2+1} = \underline{14}(枚)$

特殊算 75 — 和差算

大, 小 2 つの数の和と差がわかっているとき,

$$大 = \frac{和+差}{2}, \quad 小 = \frac{和-差}{2}$$

例題

ある日の昼と夜の長さを比べると, 昼のほうが夜より 1 時間 46 分長いことがわかりました。昼の長さは □ 時間 □ 分です。
(山脇学園)

使い方ナビ 昼のほうが大, 夜のほうが小です。和は 24 時間, 差は 1 時間 46 分です。

"○分"を時間にするときは, $\frac{○}{60}$ 時間を使います。

解答

$$1 時間 46 分 = 1\frac{46}{60} 時間$$

$$昼 = \frac{和+差}{2} = \left(24 + 1\frac{46}{60}\right) \div 2$$

$$= 25\frac{46}{60} \div 2$$

$$= 12\frac{53}{60} \Rightarrow \underline{12} 時間 \underline{53} 分$$

特殊算 76 満タンのときの重さ

$\dfrac{重さの差}{割合の差}$ ずつ増える。

表をつくって,満タンまで書き込む。

例題

ガソリンが $\dfrac{5}{6}$ 入っているかんの重さをはかったら,13.5kg ありました。何日かたって,ガソリンが $\dfrac{1}{4}$ になったときの重さをはかったら,5.1kg でした。このかんにガソリンをいっぱいにしたときの重さは何 kg ですか。(共立女子中)

解答

$\dfrac{5}{6}$ と $\dfrac{1}{4}$ を通分しておく。$\dfrac{5}{6} = \dfrac{10}{12}$, $\dfrac{1}{4} = \dfrac{3}{12}$

ガソリンの割合	$\dfrac{0}{12}$	$\dfrac{1}{12}$	$\dfrac{2}{12}$	$\dfrac{3}{12}$	$\dfrac{4}{12}$	$\dfrac{5}{12}$	$\dfrac{6}{12}$	$\dfrac{7}{12}$	$\dfrac{8}{12}$	$\dfrac{9}{12}$	$\dfrac{10}{12}$	$\dfrac{11}{12}$	$\dfrac{12}{12}$
重さ(kg)	から			5.1							13.5		満タン

(かんの重さ)

7つ増えたとき,13.5 − 5.1 = 8.4 (kg)
1つ当たり,8.4 ÷ 7 = 1.2 (kg)

13.5kg からあと2つ増えると,満タンになるので,
  13.5 + 1.2 × 2 = 15.9 (kg)

特殊算 77 年れい算

母は子どもの年れいのA倍 →N年後→ B倍　現在

現在の子どもの年れい
＝N×(B−1)÷(A−B)

N年後　　　　　　　　　倍率の差

例題

現在の母の年れいは子どもの年れいの4倍です。4年後には母の年れいは子どもの年れいの3倍になります。現在の子どもの年れいは何才ですか。　　　(桐朋中)

使い方ナビ 上の公式で，N＝4，A＝4，B＝3です。

解答

　　　　④年後
　4倍 ┄┄→ 3倍

現在の子どもの年れい ＝ 4×(3−1)÷(4−3)
　　　　　　　　　　＝ 4×2÷1
　　　　　　　　　　＝ 8(才)

公式のなりたち！

現在の子どもの年齢を①とすると、次の図のようになります。

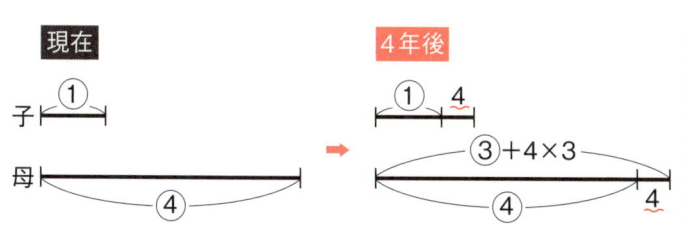

現在

子 ├①┤

母 ├────④────┤

→

4年後

子 ├①┤4┤

母 ├────③+4×3────┤
　├────④────┤4┤

4年後の母の年れいに注目すると、次のようになります。

③ + 4 × 3 = ④ + 4

　倍率の差　　差

④ − ③ = 4 × 3 − 4
倍率の差 = 4 × (3 − 1)

↑　　　　　↑
4年後の4　　4年後の倍率の3−1

これを

　母は子のA倍 —N年後→ B倍

にあてはめると、

> A−B = N × (B − 1)
> ① = N × (B − 1) ÷ (A − B)

(①は現在の子どもの年れいを表しています。)

特殊算 78 　過不足算

$$子どもの人数 = \frac{余り＋不足}{1人分の差}$$

例題

みかんを1人3個ずつ配ると16個余り，5個ずつ配ると2個足りません。みかんは全部で□個あります。

(立教女学院中)

使い方ナビ　みかんの個数が問われていますが，過不足算では人数を先に求めます。

解答

子どもの人数 $= \dfrac{16 + 2}{5 - 3}$

$= 9(人)$

9人に3個ずつ配って16個余るので，

みかんの個数 $= 3 \times 9 + 16$

$= \underline{43}(個)$

公式のなりたち！

3個ずつ配ると16個余る　　5個ずつ配ると2個不足

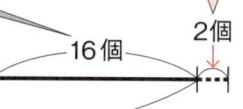

用意したみかん / 16個 / 2個

このことから5個ずつ配るときは，3個ずつ配るときよりもみかんが

16 ＋ 2 ＝ 18（個）

多く必要だとわかります。

1人分を

5 － 3 ＝ 2（個）

増やしたために，2個が人数分集まって18個になったということです。つまり，

人数 ＝ 18 ÷ 2 ＝ 9（人）

ここまでの式をまとめると，次のようになります。

$$人数 = \frac{16+2}{5-3} = \frac{余り+不足}{1人分の差}$$

注意　「余りと不足」ではなく，「余りと余り」の場合や，「不足と不足」の場合は，

$$人数 = \frac{余り-余り}{1人分の差} \quad または \quad \frac{不足-不足}{1人分の差}$$

です。

特殊算

特殊算 79

仕 事 算

3つの公式
①仕事をするのに N 日かかる ⇨ 1日の仕事量 $= \dfrac{1}{N}$

②2人の仕事量について

$$\dfrac{1}{\begin{pmatrix}\text{A君だけでかかる}\\ \text{日数}\end{pmatrix}} + \dfrac{1}{\begin{pmatrix}\text{B君だけでかかる}\\ \text{日数}\end{pmatrix}} = \dfrac{1}{\begin{pmatrix}\text{2人でかかる}\\ \text{日数}\end{pmatrix}}$$

③仕事のつるかめ算, てんびん図

　　一郎君だけなら A 日　　（図は $A>B$ の場合）
　　二郎君だけなら B 日

　一郎が何日かやって, その後, 二郎が何日かやって合計で N 日

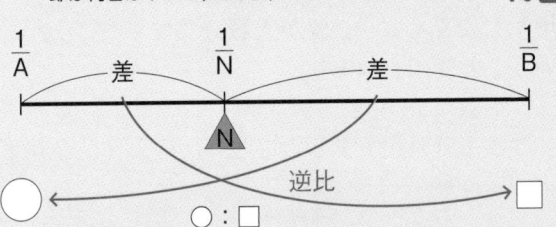

$\dfrac{1}{A}$　　差　　$\dfrac{1}{N}$　　差　　$\dfrac{1}{B}$

N

逆比

◯ : □

一郎君の日数 : 二郎君の日数

$= \dfrac{1}{B} - \dfrac{1}{N} : \dfrac{1}{N} - \dfrac{1}{A}$

例題

A君1人で30日かかり，A君とB君の2人で18日かかる仕事があります。A君が1人でこの仕事をはじめ，何日か後にB君がA君にかわって1人でこの仕事をし，合わせて33日で仕上げました。A君は何日この仕事をしましたか。
（浅野中）

解答

公式②を使ってB君だけでかかる日数を求めます。

$\dfrac{1}{30} + \dfrac{1}{\square} = \dfrac{1}{18} \Rightarrow \dfrac{1}{\square} = \dfrac{1}{18} - \dfrac{1}{30} = \dfrac{2}{90} = \dfrac{1}{\boxed{45}}$

B君だけだと45日

公式③のてんびん図で，$\dfrac{1}{30} > \dfrac{1}{45}$ なので，小さい順に書いて，

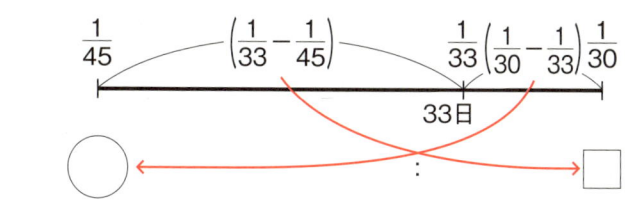

$\dfrac{1}{45} \quad \left(\dfrac{1}{33} - \dfrac{1}{45}\right) \quad \dfrac{1}{33} \quad \left(\dfrac{1}{30} - \dfrac{1}{33}\right) \quad \dfrac{1}{30}$

33日

$\left(\dfrac{1}{33} - \dfrac{1}{45} = \dfrac{4}{3 \times 11 \times 15}, \quad \dfrac{1}{30} - \dfrac{1}{33} = \dfrac{1}{3 \times 10 \times 11}\right)$

$\dfrac{4}{3 \times 11 \times 15} : \dfrac{1}{3 \times 10 \times 11} = 4 \times 10^2 : 1 \times 15^3 = ⑧ : \boxed{3}$

33日を8:3に分けた8のほうがA君だから，

$33 \times \dfrac{8}{8+3} = 33 \times \dfrac{8}{11} = \underline{24(日)}$

特殊算

特殊算 80

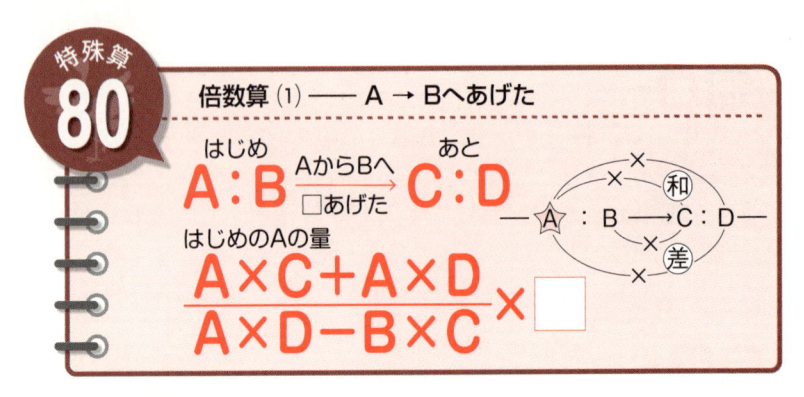

倍数算 (1) —— A → B へあげた

はじめ　AからBへ　　あと
A：B ——□あげた——→ C：D

はじめのAの量

$$\frac{A \times C + A \times D}{A \times D - B \times C} \times \square$$

例題

A, Bの2つの水そうに入っている水の量の比が7：3で, AからBへ200cm³ うつしたので, AとBの水の量の比が3：2になりました。はじめに, Aに入っていた水の量を求めなさい。
(十文字中)

使い方ナビ

―7：3 ――→ 3：2― ×200 cm³

解答

$$\frac{7 \times 3 + 7 \times 2}{7 \times 2 - 3 \times 3} \times 200 = \frac{35}{5}^{7} \times 200 = \underline{1400 (cm^3)}$$

注意 はじめのBの量を求めたいときは,

$$\frac{3 \times 3 + 3 \times 2}{7 \times 2 - 3 \times 3} \times 200$$

$$= \frac{15}{5}^{3}_{1} \times 200$$

$$= 600 (cm^3)$$

―7：③　　3：2― ×200 cm³

特殊算 81

倍数算 (2) ── A, Bともにもらった

はじめ　　A, Bともに同じ　　あと
A : B ─□をもらった→ **C : D**

はじめのAの量

$$\frac{A \times C - A \times D}{A \times D - B \times C} \times \boxed{}$$

【注意】A, Bともに同じ□をとられた ときも，同じ公式です。ただしひき算がマイナスにならないように，ひく順を調節してください。

例題

A, B 2つの整数の比は 3 : 2 です。A, B 2つの数からそれぞれ 15 をひいた数の比が 5 : 3 になります。はじめのAの数は　　　　です。　　　　（十文字中）

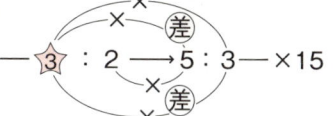

使い方ナビ

── ☆3 : 2 ── 5 : 3 ── ×15

解答

$$\frac{3 \times 5 - 3 \times 3}{2 \times 5 - 3 \times 3} \times 15 = \frac{6}{1} \times 15 = \underline{90}$$

特殊算 82

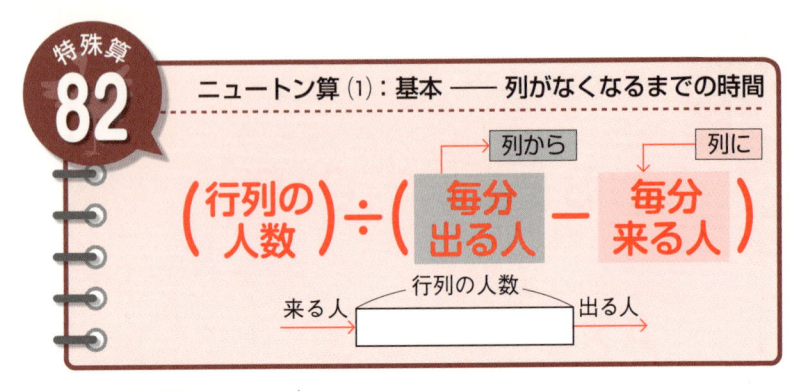

ニュートン算 (1)：基本 —— 列がなくなるまでの時間

$$\begin{pmatrix}行列の\\人数\end{pmatrix} ÷ \begin{pmatrix}毎分\\出る人\end{pmatrix} - \begin{pmatrix}毎分\\来る人\end{pmatrix}$$

（毎分出る人 ← 列から、毎分来る人 ← 列に）

来る人 → 行列の人数 → 出る人

例題 1

A水族館は9：00開門ですが，開門前に60人が並んでいます。毎分15人ずつ入れますが，列には毎分10人やって来ます。列がなくなるのは何時何分ですか。

使い方ナビ ニュートン算の基本の考え方です。列から毎分15人いなくなり，毎分10人増えるので，毎分「15 − 10 = 5（人）ずつ減る」ことになります。

解答

$60 ÷ (15 − 10) = 60 ÷ 5$
$= 12（分）$

だから，求める時刻は，<u>9時12分</u>

次の例題は，公式を逆算するものです。

例題 2

ある遊園地では，午前10時に入場券を売り出します。午前10時に窓口にはすでに，180人が並んでいました。その後，行列には毎分3人ずつの割合で人が加わります。午前10時に1つの窓口で入場券を売り出したら，午前11時20分に行列がなくなりました。もし，午前10時に2つの窓口で入場券を売り出したら，行列は何時何分になくなりますか。
(桐朋中)

使い方ナビ 2つのパターンが登場しています。

解答

```
 来る人　　　　　　　　　　　　　　　出る人
 →　　　　　　　180人　　　　　　　→
 毎分3人　　　　　　　　　　　　　毎分□人
```

11時20分 − 10時 = 80分
窓口が1つで80分かかるから，
$$180 ÷ (\square - 3) = 80$$
$$(\square - 3) = 180 ÷ 80 = 2.25 (人)$$
$$\square = 2.25 + 3 = 5.25 (人)$$

つまり，1つの窓口からは1分あたり5.25人が入場できるということです。(このように小数になることもあります。)

次に，窓口が2つになりますが，このときは，1分あたり
$$5.25 × 2 = 10.5 (人)$$
が入場できることになります。
$$180 ÷ (10.5 - 3) = 24 (分)$$
だから，求める時刻は，<u>10時24分</u>

特殊算

特殊算 83 ニュートン算(2)：応用 —— 窓口の数と時間の関係

時間の逆数($\frac{1}{時間}$)は等差数列（同じ数ずつ増える）

窓口数	0	1	2	3	
$\frac{1}{時間}$					

同じ数ずつ増える！

例題

あるテーマパークで，入場券を売りはじめる前から行列ができはじめ，一定の割合で行列の人数が増えています。いま入場券売り場を5カ所にすると売りはじめてから30分後に行列がなくなり，売り場を8カ所にすると15分後に行列がなくなります。次の問いに答えなさい。

(清風南海中・改)

(1) 売り場を10カ所にすると何分後に行列がなくなりますか。

(2) 10分後に行列がなくなるようにするには売り場を何カ所にすればよいですか。

解答

表をつくる手順を説明します。

①問題文は最大で10カ所なので10まで書きます。

売り場	0	1	2	3	4	⑤	6	7	⑧	9	⑩
$\frac{1}{時間}$											

②次に $\dfrac{1}{時間}$ を書き込みます。

売り場	0	1	2	3	4	⑤	6	7	⑧	9	⑩
$\dfrac{1}{時間}$						$\dfrac{1}{30}$			$\dfrac{1}{15}$		$\dfrac{1}{?}$

③いくつずつ増えているか？

$\left(\dfrac{1}{15}-\dfrac{1}{30}\right)\div 3 = \dfrac{1}{30}\div 3 = \boxed{\dfrac{1}{90}}$ ← 3回増えて $\dfrac{1}{30}\to\dfrac{1}{15}$ になっているので

ずつ増える

④ 10カ所の $\dfrac{1}{?}$ は，$\dfrac{1}{15}$ から2回増えているので，

$\dfrac{1}{?} = \dfrac{1}{15} + \dfrac{1}{90}\times 2 = \dfrac{6}{90}+\dfrac{2}{90}=\dfrac{8}{90}=\dfrac{4}{45}$

⑧	9	⑩
$\dfrac{1}{15}$		$\dfrac{1}{?}$

(1) $\dfrac{4}{45}$ を逆数にして，$? = \dfrac{45}{4} = 11.25$（分）

だから，行列がなくなるのは，<u>11.25分後</u>

(2) 10分後に行列がなくなるようにしたいので $\dfrac{1}{時間}$ が $\dfrac{1}{10}$ になるところを表でさがします。$\dfrac{1}{時間}$ を通分して $\dfrac{★}{90}$ にするとわかりやすくなります。

売り場		⑧	9	10	11	
$\dfrac{1}{時間}$		$\dfrac{6}{90}$	$\dfrac{7}{90}$	$\dfrac{8}{90}$	$\dfrac{9}{90}$	

$\dfrac{1}{90}$ ずつ増やす　　これが $\dfrac{1}{10}$

だから，求める売り場の数は，<u>11カ所</u>

特殊算

特殊算 84 ニュートン算(3)：応用

窓口数と $\frac{1}{時間}$ の表から，

窓口数	0	1	2	3	
$\frac{1}{時間}$					

ここの数は，毎分行列にやって来る人数と，はじめからの行列の人数の比

毎分行列に来る人
行列の人数

を表す。

ずつ増える数は，1つの窓口に毎分入場する人数と，はじめからの行列の人数の比

毎分の入場者数
行列の人数

を表す。

例題

ある遊園地の入園口では，入場開始の午前10時にはすでに長い行列ができていて，その後も1分あたり48人の割合で増えます。入場窓口を6つにすると2時間30分で行列がなくなり，入場窓口を8つにすると1時間30分で行列がなくなります。次の問いに答えなさい。　（高槻中）

(1) 入場窓口1つで受け付ける人数は1分あたり何人ですか。
(2) 午前10時に何人行列ができていましたか。

解答

2時間30分 = 150分，1時間30分 = 90分

窓口数	0	1	2	3	4	5	6	7	8	
$\frac{1}{時間}$							$\frac{1}{150}$		$\frac{1}{90}$	

表にすると，左ページの下の表のようになります。

2つ分増えて $\frac{1}{150} \to \frac{1}{90}$ になるので，

　　ずつ増える数 $= \left(\frac{1}{90} - \frac{1}{150}\right) \div 2 = \frac{2}{450} \div 2 = \boxed{\frac{1}{450}}$

これより，

　　（1つの窓口から毎分入場する人数）：（行列の人数）

　　$= 1 : 450$ ……………………………………………（☆）

$\frac{1}{450}$ を使って表を完成させると，

窓口数	0	1	2	3	4	5	⑥	7	⑧
$\frac{1}{時間}$	$-\frac{3}{450}$	$-\frac{2}{450}$	$-\frac{1}{450}$	$\frac{0}{450}$	$\frac{1}{450}$	$\frac{2}{450}$	$\frac{3}{450}$	$\frac{4}{450}$	$\frac{5}{450}$

$-\frac{1}{450} + \frac{1}{450} + \frac{1}{450}$

こちら側は $\frac{1}{450}$ ずつ減らしていく。
マイナスになっても気にしない。

$\frac{3}{450} = \frac{1}{150}$

（毎分行列に来る人）：（行列の人数）$= 1 : 150$

問題では，この人数が48人だとわかっているので

　　$48 :$（行列の人数）$= 1 : 150$

(2) 上の比例式より，行列の人数 $= \underline{7200（人）}$

(1) （☆）の関係を使うと，

　　（1つの窓口から毎分入場する人数）：$7200 = 1 : 450$

　これより，窓口1つで受けつける人数は1分あたり $\underline{16人}$

特殊算 85 ニュートン算(4)：もっと慣れよう

他のパターンで表の使い方になれましょう。

例題 1

一定の割合で水が流れこんでいるタンクがあります。このタンクが満水のとき，毎時 5m³ の割合で放水すると 30 時間で空になり，毎時 8m³ の割合で放水すると，12 時間で空になります。次の問いに答えなさい。　　（四天王寺中）
(1) タンクに流れこんでいる水の量は毎時何 m³ ですか。
(2) このタンクが満水のときに，毎時 7m³ の割合で放水すると何時間でタンクが空になりますか。

解答

毎時 5m³ というのは窓口数 5 と同じことです。タンクに流れこんでいる水の量とは，行列にやって来る人数と同じことです。

毎時の放水量	0	1	2	3	4	⑤	6	7	⑧
$\frac{1}{時間}$						$\frac{1}{30}$			$\frac{1}{12}$

ずつ増える数 = $\left(\frac{1}{12} - \frac{1}{30}\right) \div 3 = \frac{1}{60}$ → 分母を $\frac{★}{60}$ にして

また，満水量も 60m³ とわかる。

毎時の放水量	0	1	2	3	4	5	6	⑦	8
$\dfrac{1}{時間}$	$-\dfrac{3}{60}$	$-\dfrac{2}{60}$	$-\dfrac{1}{60}$	$\dfrac{0}{60}$	$\dfrac{1}{60}$	$\dfrac{2}{60}$	$\dfrac{3}{60}$	$\dfrac{4}{60}$	$\dfrac{5}{60}$

$\dfrac{1}{15}$なので,毎時$7m^3$のときは,15時間で空になる。

$\begin{pmatrix}タンクに流れ\\こむ水の量\end{pmatrix}$:(満水) = 3 : 60

だから,(1)は <u>3m³</u>,(2)は <u>15時間</u>

例題 2

ある牧場では,12頭の牛を放すと牧場の牧草が27日で食べつくされてしまいます。また,24頭の牛を放すと,9日で牧草が食べつくされてしまいます。牧場の牧草は1日あたり一定の割合で生えるものとして,この牧場に60頭の牛を放したとき牧草は何日で食べつくされるか答えなさい。 (大阪桐蔭中)

解答

牛が12頭,24頭,60頭なので12頭きざみで表をつくります。

牛	0	…	⑫	…	㉔	…	36	…	48	…	㉖⓪
$\dfrac{1}{時間}$			$\dfrac{1}{27}$		$\dfrac{1}{9}$						$\dfrac{1}{?}$

$\dfrac{1}{9}-\dfrac{1}{27}=\dfrac{2}{27}$ $+\dfrac{2}{27}$ $+\dfrac{2}{27}$ $+\dfrac{2}{27}$

$\dfrac{1}{?}=\dfrac{1}{9}+\dfrac{2}{27}\times 3 = \dfrac{3}{9}=\dfrac{1}{3}$, ? = 3

だから,<u>3日</u>で食べつくされる。

特殊算

例題 3

スキー場にあるリフト乗り場に，次つぎと客がリフトに乗りにきます。客の人数が 160 人になったとき，リフトを動かしはじめます。リフトに乗りに来る人数は毎分一定で，リフト 1 基に乗る人数も毎分一定です。リフト 1 基を動かすと 40 分でリフトに乗る客がいなくなり，リフト 2 基を動かすと 16 分間でリフトに乗る客がいなくなります。ただし，リフトは 1 人乗りのリフトで，間はあけないで乗るものとします。このとき，リフト 3 基を動かすと何分間でリフトに乗る客がいなくなりますか。　　（頌栄女子学院中）

使い方ナビ　列の人数が 160 人だとわかっているときは，$\dfrac{1}{時間}$ を $\dfrac{☆}{160}$ で表すと計算しやすくなります。

解答

$\dfrac{1}{40} = \dfrac{4}{160}$

$\dfrac{1}{16} = \dfrac{10}{160}$

に注意して表に表すと，右のようになります。

だから，**10 分**

リフト数	0	1	2	3
$\dfrac{1}{時間}$	$\dfrac{-2}{160}$	$\dfrac{4}{160}$	$\dfrac{10}{160}$	$\dfrac{16}{160}$

$+\dfrac{6}{160}$　$+\dfrac{6}{160}$

$\dfrac{1}{10} \diagdown \dfrac{10}{1} = 10$（分）

ちなみに，

$\dfrac{6}{160}$ ← リフト 1 基に（毎分）乗れる人数

$\boxed{160}$ ← 列の数

$\dfrac{2}{160}$ ← 毎分乗りに来る人数

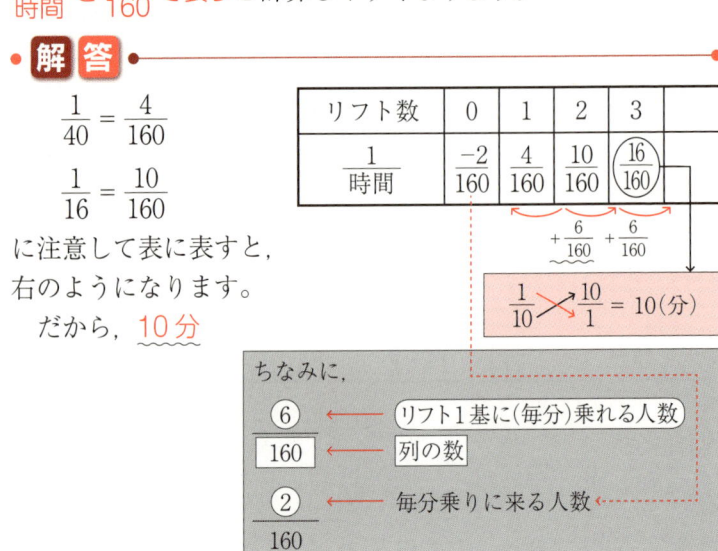

特殊算 86

当選確実

当選確実な得票数は，

$$\frac{全票数}{定数+1}より多い数$$

- 途中の結果がわかっているときは，上位（定数＋1）人以外の票を，全票数からひく。

例題

N中学校の全校生徒は200人です。いま，学校の代表3人を選ぶ選挙を行うことになり，A～Gの7人が立候補しました。下の表は，170票まで開票したときの得票数です。

氏名	A	B	C	D	E	F	G
得票数	40	35	29	25	21	12	6

Dはあと何票獲得すれば当選確実になりますか。なお，この選挙は1人1票投票するものとし，無効な票はないものとします。

(南山中学・改)

使い方ナビ

全票数は200標，定数は3人。上位4人以外の票は，EとFとG（21 ＋ 12 ＋ 6 ＝ 39）。

解答

$$\frac{200-39}{3+1} = 40.25 \rightarrow 41票で当選確実$$

Dは，いま25票なので，あと 41 － 25 ＝ 16（票）獲得すれば当選確実になります。

87 試合数

**① 総当たり（リーグ戦）＝
（チーム数）×（チーム数－1）÷2 (試合)**

**② 勝ちぬき（トーナメント）＝
（チーム数）－1 (試合)**

例題

あるサッカーの大会に32チームが出場しました。大会は，はじめに4チームずつのグループに分かれて，総当たり戦で予選が行われ，次に，各グループの上位2チームが本戦に進んで，勝ちぬき戦で本戦が行われました。この大会で，サッカーの試合は全部で何試合行われましたか。

(東京女学館中)

使い方ナビ チーム数4の総当たりは公式①で，チーム数16の勝ちぬきは公式②を使います。

解答

32チームあるので，4チームずつのグループが8個できます。
1つのグループの試合数は，4×(4－1)÷2＝6(試合)
8グループあるので，試合数は，6×8＝48(試合)
次に，16チームの勝ちぬきなので，16－1＝15(試合)
だから，試合数は全部で，
　48＋15＝**63(試合)**

場合の数 88

委員の選び方 (1) ── 順列

N人から 3種類の係を選ぶのは，

$$N \times (N-1) \times (N-2) \text{ (通り)}$$

例題

20人のクラスで，委員長，副委員長，書記の3人を選ぶ方法は何通りありますか。

使い方ナビ 3つのちがう係なので公式がそのまま使えます。Nにあたる数は20（人）。

解答

$20 \times (20-1) \times (20-2) = 20 \times 19 \times 18$
$= \underline{6840 \text{(通り)}}$

注意① 2つの係なら，$N \times (N-1)$
4つの係なら，$N \times (N-1) \times (N-2) \times (N-3)$
です。

注意② "給食当番3人を選ぶ"のように同じ係の場合は，この公式は使えません。（次のページの公式を使います。）

89 委員の選び方(2) —— 組み合わせ

N人から，ある係を3人選ぶのは，

$$\frac{N \times (N-1) \times (N-2)}{3 \times 2 \times 1} \text{(通り)}$$

例題

20人のクラスで，給食当番3人を選ぶ方法は何通りありますか。

解答

$$\frac{\overset{10}{20} \times 19 \times \overset{6}{18}}{\underset{1}{3} \times \underset{1}{2} \times 1} = \underline{1140\text{(通り)}}$$

注意

同じ係を2人選ぶなら，

$$\frac{N \times (N-1)}{2 \times 1}$$

同じ係を4人選ぶなら，

$$\frac{N \times (N-1) \times (N-2) \times (N-3)}{4 \times 3 \times 2 \times 1}$$

90 3人のジャンケン

3つの表で整理する

Aがグー					Aがチョキ					Aがパー			
C\B	グ	チョキ	パー		C\B	グ	チョキ	パー		C\B	グ	チョキ	パー
グ					グ					グ		○	
チョキ					チョキ					チョキ	○		
パー					パー					パー			

ここは，Aがパー，Bがグ，Cがチョキであいこの意味

例題

3人でじゃんけんを1回だけするとき，あいこにならない場合は□通りあります。　　　　（文華女子中）

使い方ナビ

表であいこをだして **27** からひきます。
　　　　　　　　　　$3 \times 3 \times 3$

解答

Aがグー					Aがチョキ					Aがパー			
C\B	グ	チョキ	パー		C\B	グ	チョキ	パー		C\B	グ	チョキ	パー
グ	○				グ			○		グ		○	
チョキ			○		チョキ		○			チョキ	○		
パー		○			パー	○				パー			○

あいこに○をつけます。
あいこは9通り。
あいこにならない場合は，
　27 − 9 = 18（通り）

場合の数 91

サイコロ

2個の
サイコロを
投げたとき,
- 和が奇数 $6 \times 6 \div 2 = 18$(通り)
- 積が奇数 $3 \times 3 = 9$(通り)

3個の
サイコロなら,
- 和が奇数 $6 \times 6 \times 6 \div 2 = 108$(通り)
- 積が奇数 $3 \times 3 \times 3 = 27$(通り)

例題

大, 中, 小3つのサイコロを同時に投げるとき, 3つの目の積が偶数になるのは何通りありますか。

(頌栄女子学院中)

解答

積が奇数になるのは,
 $3 \times 3 \times 3 = 27$(通り)
全部で
 $6 \times 6 \times 6 = 216$(通り)
あるので, 偶数は,
 $216 - 27 = \underline{189}$(通り)

場合の数 92 道順(1)

左＋下をうめていく。

> ここまでの行き方は「6通り」という意味

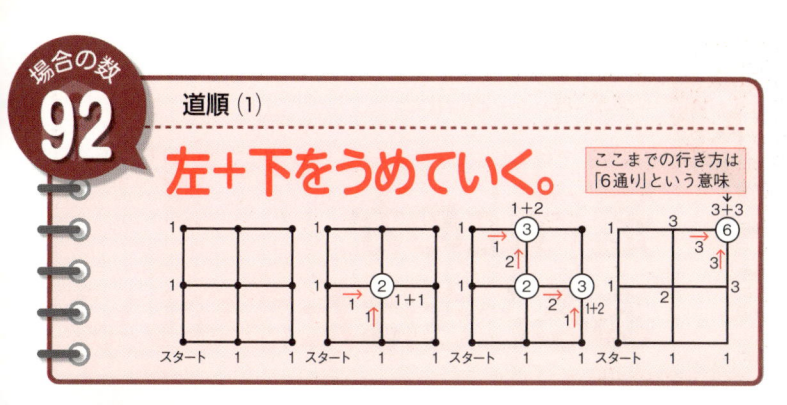

例題

右図のようなマス目の道がある。A地点からP地点を通ってB地点まで最も短い道のりで進むとき，その行き方は何通りありますか。

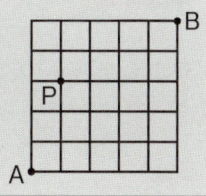

使い方ナビ （A→Pまでの行き方）×（P→Bまでの行き方）

解答

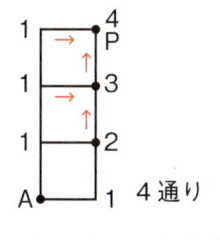

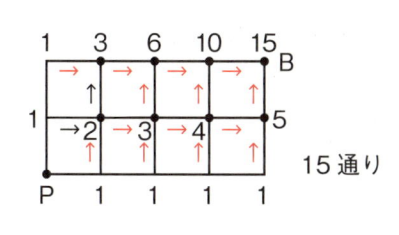

AからPまでの行き方：4通り
PからBまでの行き方：15通り
だから，AからBまでの行き方は，4 × 15 = <u>60（通り）</u>

場合の数 93 道順(2) —— 通行止め

「A＋B」ではない。「B」

通行止めがあるときはたさない。

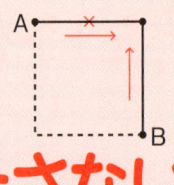

例題

右図のようなマス目の道がある。A地点からB地点まで，遠まわりしないで進むとき，その行き方は何通りありますか。ただし×は通行止めです。

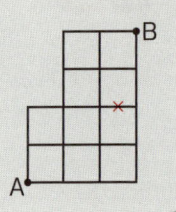

解答

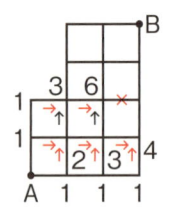

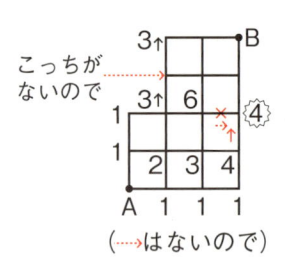

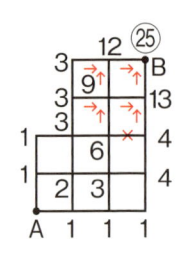

上の図より，**25通り**

94 3ケタの数をつくる

- 1 2 3 4 …の N 枚から 3 枚を選んで並べて 3 ケタの数をつくるとき、できる整数は、

$$N \times (N-1) \times (N-2) \text{(通り)}$$

- 0 が入っているとき：0 1 2 3 …の場合は、

$$(N-1) \times (N-1) \times (N-2) \text{(通り)}$$

例題

0, 1, 2, 3, 4 のカードが 1 枚ずつあります。このカードを使って 3 けたの数をつくるとき、全部で何通りできますか。

(帝京八王子中)

使い方ナビ 0 が入り、N が 5 のときのパターン。

解答

0 のカードがあるので、
(5 − 1) × (5 − 1) × (5 − 2) = 4 × 4 × 3
= 48(通り)

95 数字の個数

- 1〜99まで書いたとき、数字の1は、 **2×10（個）**
- 1〜999まで書いたとき、数字の1は、 **3×100（個）**
- 1〜9999まで書いたとき、数字の1は、 **4×1000（個）**

最後の数字の9999のケタ数 ／ 最後の数字の9999位の数

例題

1, 2, 3, …と順に1000まで整数を書きました。数字の1は何回書きましたか。 （渋谷 渋谷中）

使い方ナビ 9並びの数までなら公式が使えるので、1〜999までの「1」の個数に、1000で使っている「1」の個数1をたします。

参考 数字の1だけでなく、他の数字2, 3, …, 9でも個数は同じです。

解答

1〜999までの「1」の個数は、3 × 100 = 300（個）
1000には「1」が1個入っているので、
　300 + 1 = <u>301（個）</u>

注意 11は1が2回と数えます。

96 階段の上がり方

1段ずつと1段とばしを組み合わせた上がり方は，

段　数	1	2	3	4	5	6	…	(段)
上がり方	1	2	3	5	8	13	…	(通り)

前の2つをたす。

例題

太郎君は階段を上がるのに「1段ずつ上がる」ときと「2段ずつ上がる（1段とばし）」ときがあり，またそれらを組み合わせて上がることもあります。例えば3段の階段では3通りの上がり方があります。

6段の階段では何通りの上がり方がありますか。

〈例〉　　　　　　　　　　　　　　　　　　（法政二中）

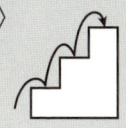

解答

階段と上がり方の表で，13通り

参考　1段ずつ，1段とばし，2段とばしの3パターンがあるときは，前の3つをたします。

段　落	1	2	3	4	5	6	…
上がり方	1	2	4	7	13	24	…

97 場合の数 — 支払える金額

N種類のコインが1枚ずつあるとき、支払うことのできる金額は、

$$\underbrace{2 \times 2 \times \cdots \times 2}_{N個の積} - 1 \text{ (通り)}$$

例題

500円玉、100円玉、50円玉、10円玉がそれぞれ1枚ずつあります。これらの全部または一部を使って支払うことのできる金額は□通りあります。　　　（法政大一中）

解答

4種類のコインなので、
$2 \times 2 \times 2 \times 2 - 1 = \underline{15}$（通り）

98 てんびんの分銅

なるべく少ない数の分銅で 1〜Ng まで
1g 単位ですべてはかりたい。

●分銅は片方にしかのせてはいけないとき,

1g, 2g, 4g, 8g, …
　　2倍　2倍　2倍

の分銅の合計が N 以上になるように用意する。

●分銅を両方にのせてよいとき,

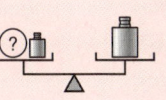

1g, 3g, 9g, 27g, …
　　3倍　3倍　3倍

の分銅の合計が N 以上になるように用意する。

例題

てんびんを使って 1g 〜 20g までを 1g 単位ではかれるようにしたい。用意する分銅の個数をできるだけ少なくするには、どのような分銅を用意すればよいですか。

解答

「片方のせ，両方のせ」の指示がないときは，両方のせ OK。

$$\begin{cases} 1+3+9 = 13 < 20\,(g) \\ 1+3+9+27 = 40 > 20\,(g) \end{cases}$$ なので，

1g, 3g, 9g, 27g の 4 個の分銅を用意すればよい。

場合の数 99 立方体の色塗り

立方体をたてN個，よこN個，高さN個積み上げて，表面をペンキで塗るとき，

3面が塗られているのは，←立方体の頂点数
8個

2面だけが塗られているのは，←立方体の辺の数
(N−2)×12(個)

1面だけが塗られているのは，←立方体の面の数
(N−2)×(N−2)×6(個)

どこも塗られていないのは，
(N−2)×(N−2)×(N−2)(個)

例題

1辺1cmの白い立方体をたて，よこ，高さに10個ずつ積み上げて図のような立体をつくりました。この立体の6面をすべて赤く塗ってから，バラバラにしたとき，1つの面だけが赤く塗られている立方体は何個ありますか。

(麻布中・改)

解答

公式でNが10のとき，
(10−2)×(10−2)×6
＝8×8×6＝ <u>384</u> (個)

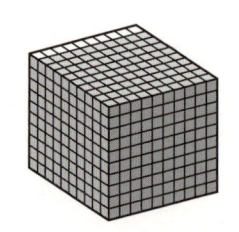

場合の数 100 魔方陣

1～9を1つずつ使ってどこのたて，よこ，ななめの和も

同じようにする方法。

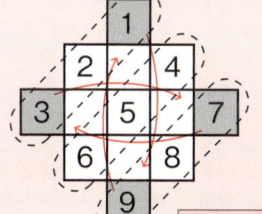

中央の数は5

2	9	4
7	5	3
6	1	8

1から9の和が45だから，たて，よこ，ななめ，どこの和も15になっている。

例題

右のマスに1から9までの整数を1つずつ入れて，たて，よこ，ななめの3つの整数の和がどこも同じになるようにします。アにはどのような整数が入りますか。　（豊島岡女子学園中）

ア	3	
		9
6		

解答

ななめに4，5，6が並ぶことがわかっているので（図1），4と5を書き入れます（図2）。

どこの和も15であることがわかっているので

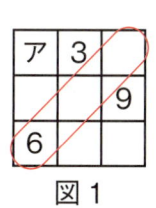

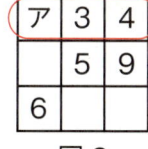

ア ＝ 15 − (3 + 4) = 8

図1

ア	3	
		9
6		

図2

ア	3	4
	5	9
6		

場合の数　159

〔著者紹介〕

浜田 一志（はまだ かずし）

1964年高知県生まれ。

文武両道を標榜する土佐高校に入学後、甲子園常連として名高い野球部に入部する。高3の夏の大会引退後、一念発起して東大を目指す。高3夏の模試で偏差値38をとるものの、そこから驚異的な伸びを見せ、東京大学理科Ⅱ類に現役合格。

1983年東京大学入学。野球部に入部し、4年時には主将も務める。1987年東京大学工学系大学院入学。卒業後、鉄鋼メーカーに入社。その後、文武両道を目指す生徒向けに塾を開くことを決意し退職。現在、都内で、部活に入っている子専門の塾・Ai西武学院の塾長を務める。

また、塾で生徒たちに教えるかたわら、東大野球部スカウト部長として全国をまわり、東大合格を目指すよう支援する活動に従事している。

※「東大野球部スカウト部長」の名称は通称であり、東京大学が公認した役職ではありません。

本書の内容に関するお問い合わせ先
　　中経出版編集部　03(3262)2124

中学受験 算数の文章題 解法パターンまる覚え100（検印省略）

2012年10月17日　第1刷発行

著　者　浜田　一志（はまだ　かずし）
発行者　川金　正法

発行所　㈱中経出版　〒102-0083
　　　　　　　　　東京都千代田区麹町3の2 相互麹町第一ビル
　　　　　　　　　電話　03(3262)0371（営業代表）
　　　　　　　　　　　　03(3262)2124（編集代表）
　　　　　　　　　FAX 03(3262)6855　振替 00110-7-86836
　　　　　　　　　ホームページ　http://www.chukei.co.jp/

乱丁本・落丁本はお取替え致します。
DTP／熊アート　印刷／加藤文明社　製本／三森製本所

©2012 Kazushi Hamada, Printed in Japan.
ISBN978-4-8061-4515-8　C6041